海頓媽媽的
朝食之味

快速多變的吃不膩美味早餐

海頓媽媽 著

Chapter 1 · 做早餐是晨間的生活儀式感

Chapter 2 · 海頓媽媽的招牌可愛造型早餐 TOP10

Chapter 3 · 每天都不同的 10 分鐘早餐

Chapter 4 · 常備麵包與手作飲品

Chapter 5 · 休日慢慢吃的早午餐組合

Chapter

1

Good
morning!

Breakfast

做早餐是晨間的
生活儀式感

用早餐讓自己與家人一整天都滿滿活力

記得小時候，我們家每天的早餐都很豐富，因為我的媽媽很注重營養，所以早餐也很多變。偶爾媽媽會打精力湯給我和弟弟喝，但小孩子哪懂什麼精力湯，我和弟弟總是拿著杯子，彼此對看，等著看誰先喝下去。當然媽媽會催促我們快點喝，我們只好捏著鼻子，一大口把精力湯喝下去！現在想起來還覺得好笑～

之前是上班族單身的時候，不知道是否因為工作壓力大，早上沒胃口，加上也懶得自己做早餐，常常會跳過不吃。後來覺得這樣精神不好，健康也出了點狀況。發現還是要吃早餐，也漸漸找到一些快速製作早餐的方式。

當媽媽後，每天早上不管上班或上學，出門前真的都像打仗一樣！從鬧鐘響到出門中間，怎麼感覺有好多事情要做！！但我仍堅持小孩每天在家吃完早餐再出門 。我發現海頓早上剛睡醒比較沒有胃口，所以我會做些可愛的早餐，希望他吃多一點。但我自己也趕著出門，所以我會盡量快速地把早餐做好，讓我們都有比較多吃早餐的時間，而且重點是還要吃得營養均衡。

就這樣，日復一日地，我開始記錄我和海頓開心的早餐時光，在網路上分享，這也是現在「海頓媽媽的實驗廚房」粉專的雛形呢！

這本書的初衷就是因為身邊很多也是當媽媽的朋友或單身朋友也好，對於「做早餐」或「在家吃早餐」這件事覺得有困難。大部分的人覺得做早餐很花時間，或是想不出早餐可以做什麼樣的變化。有次聚會時，曾經有朋友提到，她小孩抱怨不想再每天吃外面的早餐店早餐配奶茶了，她自己也滿內疚，覺得這樣的確對孩子的健康不好，問我有沒有什麼簡單的早餐食譜。我當場分享了隔夜燕麥粥的做法，她好開心，之後他們家每個禮拜都有一兩天的早餐是吃這個。她孩子有一次還特別謝謝我這個姨姨提供的好方法！讓她早餐吃得很開心！

我想透過這本書，把我製作早餐的一些心得和小撇步，分享給大家。包含簡單快速早餐、各式基礎食譜，或是造型早餐變化。這本書還特別收錄了一些食譜，給想要親手做簡單麵包、饅頭的朋友。當然，想做些造型變化的朋友，也不要覺得造型很難，這本書也會分享不要用太多工具，只需一些小巧思就能有無限變化。

希望大家在早餐時光，能夠好好享受一天的開始，幫自己和家人注入愛與活力！

讓早餐更即食的週間準備小技巧

分裝米飯放冷凍

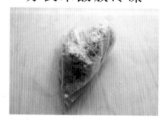

應用

煮粥、打米漿

分裝水果

應用

前一晚就把水果洗好、切好，隔天早餐準備更省時

平日早上沒有太多時間準備早餐的話，不妨在前一天晚上先準備好，隔天早上再用「覆熱」的方式就能完成早餐，例如：我會在前一天晚上先將水果都洗好、切好後放保鮮盒。

　　有一些主食類，例如：麵包、饅頭麵團，也可以提前做好，分開包好並冷凍保存，隔天早上只需回烤或再回蒸就可以。而醬料或是吃不完的米飯我也會放入密封夾鏈袋或保鮮盒，分裝冷凍保存，就像是「自製冷凍調理包」的概念。隔天早餐之前很快加熱一下，再做點變化就可以，為自己省去費時準備的時間。

tip 03

分裝醬料放冷凍

應用
搭配主食

tip 04

分裝肉餅放冷凍

應用
夾吐司

tip 05

提前做好的麵包

應用
隔天早餐時，只需覆熱

讓做早餐變快速的神隊友

準備早餐時，就需要一些神隊友來
助攻，來跟大家介紹本書裡「三大主
食的神隊友」：麵包、飯糰、饅頭。
使用海頓媽媽的美味配方與基礎製作
步驟，在家就能做出不同主食，再搭
上水果、飲品，就能讓早餐更豐富，
更有變化。

飯糰

　　飯糰是很好的早餐神隊友主食，一來很好準備，二來兼顧營養，能包入各種蛋白質食材、蔬菜等。飯糰造型又很多變，吃不下或食慾不振的時候，做點可愛造型，看起來就很療癒，尤其我發現很多孩子特別喜愛飯糰，就算偷偷把他們不愛的食材剪碎一些加在飯糰裡面，再搭配造型，就能很快吃光光呢！

　　飯糰可以冷的吃，也可以熱的吃。如果是做早餐飯糰，我比較習慣用白米飯或糙米製作，而不是用糯米，因為早餐吃糯米可能比較不容易消化。

　　捏飯糰時，可以直接塑形或用模具。但趕時間時，我會建議用耐熱保鮮膜輔助會捏更快，而且方便不黏手，因為隔一層保鮮膜能快速把飯捏緊實，再進行塑型。捏飯糰時，如果米飯太乾會不好整形，最好趁著米飯還有點溫熱、仍有點黏性的狀態下製作。如果太乾的話，可以在米飯上灑點水再蒸一下，之後再捏製塑形。

　　快速手捏飯糰再搭配牛奶、果汁或沙拉，或是天冷時搭配一碗熱湯，再來點小菜，就是很棒很豐盛的一頓早餐！

方法 1

用耐熱保鮮膜做圓形飯糰

Step by step

1. 將耐熱保鮮膜攤平，放上溫熱白飯。

2. 讓保鮮膜確實收口。

3. 再將米飯做成圓形或其他形狀的飯糰。

────────── Memo ──────────

如何讓米飯保存不變乾？

早上時間總是很趕，建議前一天晚上就先煮好飯。但保存時要特別留意，趁米飯還有一點水氣時就裝入保鮮盒或耐熱袋中，以避免讓米飯變乾，這樣隔天要塑形整形成飯糰時，才不會變得很難操作。

方法 2
用耐熱袋做三角飯糰
Step by step

1. 在乾淨耐熱袋中放入溫熱白飯。

2. 將飯集中推入袋子角落。

3. 把飯壓平。

4. 先整形一邊成直線。

5. 最後整形另外兩邊,就能塑形
   成三角飯糰。

變化形

白飯糰變身小海豹

Step by step

1. 將耐熱保鮮膜攤平,放上溫熱白飯。

2. 讓保鮮膜確實收口,把飯糰做成橢圓形。

3. 橢圓形飯糰塑形成一端大,一端較小。

4. 用簽字筆在比較大的那端畫上動物表情。

5. 可愛的小海豹就完成了!

快速早餐・神隊友 ②

萬用麵團

　　萬用麵團很方便，只要一個配方就可以做出各式各樣的麵包變化，也可以包入喜歡的餡料，讓口感更豐富。這個萬用基礎麵團的配方我有調整過，適合家庭份量，操作也不難。不像營業配方大都是一次製作幾十個麵包的量，可以說是一個非常好用的家庭麵包配方！建議再搭配後面章節的「週間麵包時間管理」，只要學會了，在家自己做麵包也不難！

　　平時有空或利用週末的時間，事先把麵包做好，放到冷凍庫保存。早上要吃的時候用烤箱加熱回烤一下，馬上就有熱騰騰的麵包囉！

材 料

高筋麵粉	300g
細砂糖	30g
鹽	3g
速發乾酵母粉	3g

本書裡我用的都是「速發乾酵母粉」，較好購買取得，使用前不需要先活化，請不要買錯囉，因為每種酵母特性和用法都不同

全蛋液	1 個
奶油	30g
牛奶	150 ～ 160g

各品牌麵粉吸水性不同，請自行調整牛奶份量

1. 全部材料除了奶油之外，放入攪拌機或麵包機中。

2. 攪拌至出筋。

3. 加入奶油，繼續攪拌。

4. 攪拌至麵團能延展出薄膜。

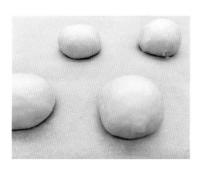

5. 麵團放大碗內，用保鮮膜包好，基礎發酵至麵團 2 倍大。

如果有發酵箱，設定 30℃，發酵 50 分鐘。冬天溫度比較低，可以放在烤箱，烤箱不用設定溫度，只需在烤箱裡面放一鍋熱水製造溫度高於室溫的環境，會發酵得比較快。

6. 在基礎發酵後，繼續進行麵團分割→整形→後發（第二次發酵）→烘焙等步驟，適用於各式麵包的製作（之後各章會有詳細步驟說明）。

麵包保存

小提醒！

　　辛苦做好的麵包，也要學會正確的麵包保存方式喔！不然保存方式錯誤，而讓麵包吃起來不好吃就很可惜了。我舉我自己的習慣為例：

Ⓐ 依麵包製作時間改變保存方式

　　若是早上做好的麵包，我會常溫放到晚上（放在陰涼處、密封保鮮盒裡），如果是晚上做好的麵包，會常溫放到隔天早上。也就是大約半天的時間。

Ⓑ 沒吃完的麵包要密封冷凍保存

　　沒吃完的麵包放在密封盒或夾鏈袋裡，放冰箱冷凍保存。保存期限約1～2週。記得麵包是放在「冷凍庫」，而不是「冷藏」，因為麵包放冷藏會比放在常溫中還要乾得更快，而導致口感不佳喔！

───────── Memo ─────────

早餐時如何回烤麵包？

麵包冷凍後，通常在室溫下解凍再回烤是最好吃的。但如果早上很趕時間，也可以直接烤。請參考以下方式：

回烤之前，烤箱先預熱好，以150℃烤5分鐘，或180℃烤3分鐘。當然烤的時間和溫度僅供參考，要看麵包種類大小、你家的烤箱狀況再自行調整。也可以用微波爐或電鍋等方式加熱麵包。

─────────────────────────

ⓒ 用氣密性佳的保鮮盒防變乾

建議不要只用塑膠袋來包住麵包，畢竟密封性不是那麼好，也容易變乾。建議用密封保鮮盒保存麵包。

ⓓ 環境溫濕度也會影響保存時間

麵包保存的環境溫度會因為不同國家地區而異，我在美國的時候，那裡氣溫通常比較低，麵包在常溫下放個兩天也沒問題；但台灣溫濕度不同，所以大家再自行調整保存時間。

饅頭／刈包麵團

饅頭可以蒸、可以烤，是很方便的早餐主食神隊友之一。自己做饅頭其實不難，如果要求高一點，想做出美美的饅頭，把握「仔細將麵團中的氣體揉出」，以及「掌握好發酵狀態」這兩個製作關鍵就可以了。

學會饅頭麵團後，不只可以做普通的白饅頭，也能揉捏製作成不同的造型，可以做出各種造型饅頭，對於孩子們來說非常吸睛！用饅頭麵團包入餡料的話，就是包子了；若做成刈包皮，夾入喜歡的熟料，就是刈包。你說，這麼萬用，是不是神隊友！快把饅頭基礎學起來！

材　料

中筋麵粉　　　　　125g

牛奶　　　　　　　70g

不能喝牛奶的人，可以用水或豆漿取代，但用牛奶做出來會比較香

砂糖　　　　　　　20g

速發乾酵母粉　　　1/2 茶匙

　　　　　　　　　或 1.5g

酵母有很多種，請不要買錯，每種酵母的用量和方式都不同。在本書裡我用的都是「速發乾酵母粉」，較好購買取得，而且使用前不需要先活化

植物油　　　1 茶匙

最好使用味道比較不重的油，有的橄欖油味道比較重，就不適合。

Step by step

1. 中筋麵粉、牛奶、砂糖、速發乾酵母粉、植物油全部放入大碗或攪拌缸內。

牛奶份量可依照麵粉品牌吸水性不同，做適量調整。

2. 可以手揉，或用攪拌機，或用麵包機的攪拌功能攪拌。要確定揉至非常光滑的麵團才可以。

如果用攪拌機，低速約攪拌 10 分鐘。

3. 依照想製作的大小，將麵團分割成數等份。

4. 直接揉圓或做造型都可以。若要不同麵團顏色，需在這步驟加入並混合成均勻的顏色麵團。記得每次做造型前都要再揉過麵團，徹底排氣，這樣蒸出來的包子饅頭才會漂亮喔！

5. 麵團發酵至約 1.5～2 倍之間的大小，就可以開始蒸。發酵完成的判斷方式：量麵團長度，或發酵前另取少許麵團放在量杯裡，發酵後觀察量杯刻度，例如：本來 10ml，發酵後至約 18 ml 的位置，就是差不多可以了。還有一種「水球判斷法」，把剩餘小麵團放入水中，若浮起水面至露出約 1/3 至 1/4 時，就是麵團發酵完成。或是拿起麵團時有輕盈感覺，輕按邊緣會慢慢回彈。發酵時間沒有一定，是看饅頭體積狀態的變化，而不是用時間判斷，會因每個人家中環境的溫濕度不同而影響發酵快慢。

6. 放入電鍋，電鍋外鍋放足夠蒸 15 分鐘的水（約量米杯 1.5 杯或 280ml），定時 15 分鐘（蓋上鍋蓋時，需保留一個縫隙，饅頭才不會被水滴到）。時間到之後拔掉電鍋插頭，等待 3 分鐘再開蓋。

Memo

如何判斷饅頭發酵程度？

判斷饅頭是否發酵完成，可以在發酵前取少許麵團放在量杯裡，觀察發酵後的量杯刻度。

或是水球判斷法，把剩餘小麵團放入水中，如果浮起水面至露出約 1/3 至 1/4 時，就是麵團發酵好了。

做饅頭不失敗的

小提醒！

Ⓐ 想做造型饅頭時

注意製作時間不要太久，以免發酵過度，這樣蒸起來的表皮會皺。如果對造型方式不熟悉，或動作比較慢的人，我建議一次只做約一、兩種造型就好。然後量不要太多，可以參考我的配方量，不會太多；如果是新手，甚至可以減半製作。

Ⓑ 製作環境的溫度勿太高

製作環境的溫度太高時，發酵也會比較快，這時可在冷氣房裡製作。如果先做好的饅頭已經先發酵完成，也可以先蒸。

Ⓒ 饅頭麵團發酵要足，以免影響口感

如果饅頭麵團發酵不足，蒸起來會有點透明感（死麵），口感也會比較硬。

─────────(Memo)─────────

饅頭如何保存和加熱？

饅頭出爐後，先在室溫下放涼，建議放在冷卻架上騰空放涼，底部才不會潮濕皺掉。放涼後再裝入塑膠袋和或密封盒，放冰箱冷凍保存。要吃的時候不需要退冰，直接蒸10分鐘即可。

Chapter

2

Good
morning!

· Breakfast ·

海頓媽媽的招牌

可愛造型早餐 TOP10

喜歡早餐餐桌上的不同風景，

每天每天，都是不同的小故事，

每日每日，就這樣開啟了美好的小日子。

Story

沒有道具 OK！早餐也能變可愛

　　最喜歡和海頓一起吃早餐的歡樂時光了。只是他吃東西比較慢，更麻煩的是有點挑食，小的時候還可以放一些他心愛的玩具車車陪他吃早餐，長大就越來越難搞。我發現做一些造型早餐，多少能增加食慾！畢竟孩子是視覺系動物，看到可愛造型就會忘記吃什麼了。像他不喜歡吃蛋黃，每次吃蛋就會把蛋黃挑掉，只吃蛋白。但如果把蛋黃打碎捏成黃色小雞飯糰，他可以很快就把早餐秒殺了！有時候我還會偷偷把他不喜歡吃的東西（像是把蔬菜類、討厭的水果包在可麗餅裡），加上做一些造型變化，不知不覺一邊吃早餐、一邊聊天，就把早餐吃光光囉！

　　對於造型可愛的早餐，大家也不用覺得很難，或覺得是不是需要買很多道具或工具才能做，其實不用喔。手捏出造型飯糰，用海苔裝飾動物表情（沒有海苔壓花器，也能用廚房剪刀剪），或是把平凡的吐司變身一下，就能做出很療癒的造型早餐了。

　　造型靈感可以是季節的變化，例如：夏天沒胃口，就做個冰淇淋飯糰，瞬間消暑！冬天很冷，早上起床總是想多賴床幾分鐘，那就來個泡湯熊（熊熊造型吐司＋南瓜湯）吧！

　　造型靈感也可以是節日，也可以是時事，也可以是孩子或自己喜歡的角色人物。大家可以盡情發揮想像力，利用多種食物的顏色，很快就能豐富每天的早餐，再加上一點造型小巧思，讓早餐變得更有意思！

兔兔奶油乳酪吐司

◆

用剪刀剪一下吐司，

抹上柔軟好入口的奶油乳酪，

簡單就能做出可愛造型吐司喔！

材料

吐司	1 片	【造型用】	
塗抹用奶油乳酪	適量	竹炭粉	少許

Memo

1 沒有竹炭粉的話，也可用可可粉或融化的
巧克力來畫兔子表情。

2 沒有餅乾模的話，可用碗或量米杯替代。

做法

1. 先用擀麵棍擀壓吐司，需壓實一點。

2. 用圓形餅乾模壓出圓吐司片。

3. 吐司先擀過再壓出的形狀才會比較好看喔！

- -

壓過的吐司邊緣俐落；未壓過的會有毛邊。

4. 用剪刀剪出兩個兔子耳朵形狀的吐司片。

5. 在兔子臉和耳朵上塗抹奶油乳酪。

6. 少許奶油乳酪加少許竹炭粉，混合成均勻的黑色奶油乳酪，裝入三明治袋。

7. 將三明治袋剪掉一小角，在兔子臉上擠上五官。

可愛小雞飯糰

◆

蛋黃是很營養的食材，
但是因為口感偏乾而比較不討喜，
把蛋黃壓碎拌入白飯做成可愛的小雞飯糰，
真的很療癒呢！

材 料

溫熱白飯	適量	番茄醬	少許
水煮蛋的蛋黃	適量	熟玉米粒	2 顆
海苔	少許		

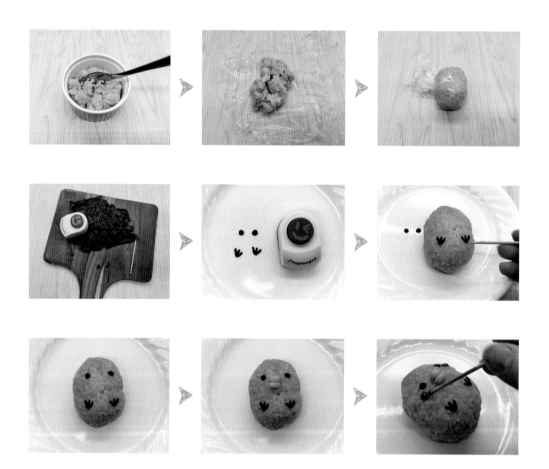

做法

1. 將水煮蛋的熟蛋黃壓碎,和白飯均勻混合。

2. 取適量的蛋黃飯糰放在保鮮膜上。

3. 捲起保鮮膜,捏成圓球狀,再整成橢圓形,做出小雞身體。

4. 用海苔壓花器,把海苔片壓出小雞的眼睛和腳。

選用「眨眼形狀」的海苔壓花器,就能壓出小雞的腳丫,再用剪刀剪出眼睛。

5. 用牙籤沾取海苔,貼到黃色飯糰上,做出小雞的五官和腳丫。

6. 將兩顆玉米粒貼合,當作小雞嘴巴,擺在飯糰上。

7. 用牙籤沾取少許番茄醬,當作小雞的腮紅,塗在飯糰上。

盆栽紅藜麥飯

◆

好像多肉盆栽的早午餐，
超療癒的！

—————————— 材 料 ——————————

紅藜麥	半杯	白飯	1 碗
水	半杯	青江菜	3 株

做法

1. 紅藜麥放在濾網裡，用水沖洗乾淨。

2. 紅藜麥、水倒入內鍋，用電鍋蒸熟。

   或用大約 1：1 的比例蒸熟即可。

3. 先將白飯盛裝在碗裡，約 7 分滿。

4. 把蒸熟的紅藜麥鋪在白飯上。

5. 用刀子把不同層次的菜梗修一下，切出三角形，這樣會更像多肉植物的厚厚葉肉。

6. 備一滾水鍋川燙青江菜，取菜梗的部分。

7. 將青江菜梗擺在紅藜麥飯上，超療癒的偽多肉盆栽完成！

日出富士山飯糰

◆

早安！來看日出吧！

今天上班上學也要精神飽滿喔～

—— 材 料 ——

溫熱白飯　　　適量

海苔　　　　　1 片

長方形的為佳，比較好
包，有調味或無調味海
苔皆可

水煮蛋的蛋黃　1 個

Memo

飯糰也可以包入一些肉鬆、香鬆飯友⋯
等做些調味。

做法

1. 取適量大小的長方形海苔,用剪刀將海苔的短邊裁剪出鋸齒狀。

2. 在乾淨耐熱袋中放入溫熱白飯。

3. 把飯集中推入袋子角落,先整形一邊成直線。

4. 整形另外兩邊,塑形成三角飯糰。

5. 將三角形飯糰放在海苔上,調整大小位置,讓海苔鋸齒處貼在飯糰約 2/3 高度的地方。

6. 用另一端海苔把飯糰包裹起來,白邊往內折。露出上端的白色飯糰部分,像是雪山山頂的樣子。

7. 湯匙沾少許水,將飯糰「山頂」的部分稍微壓平。

8. 在頂端放上一顆水煮蛋黃,就像日出一樣。

熊與魚飯糰

◆

超可愛的小白熊抓了隻魚！
早起的熊兒有魚吃喔！

=== 材 料 ===

| 溫熱白飯 | 適量 | 柳葉魚 | 依人數準備 |
| 海苔 | 適量 | 魚鬆 | 適量 |

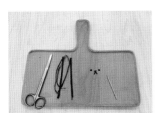

· 事前準備 ·

先將海苔剪出熊的嘴部，
兩個圓形與細長條

做法

1. 用小火將柳葉魚煎熟，備用。

2. 將白飯放在耐熱保鮮膜上，稍微鋪平，再放上一些魚鬆。

3. 再放上少許白飯。

4. 將保鮮膜包起，整形壓實，捏成三角形飯糰。

5. 稍微捏一下三角形飯糰的一端，先做出熊的頭型。

6. 取少許白飯，用保鮮膜扭轉包成兩個圓球，當作熊耳朵，放在熊頭上。

7. 取少許飯糰，放在熊頭中心，用牙籤稍微戳一下，讓飯糰界線黏合更好。

8. 用牙籤拿取事先剪好的海苔，放在熊臉上，再擺上兩個眼睛。

9. 用牙籤拿取細長條海苔，一條條圍住熊的身體，像是衣服裝飾。

10. 再捏兩個圓球當作熊的腳，擺在身體前面。

11. 擺上煎好的柳葉魚，超可愛的熊熊和魚飯糰完成囉！

日式水果可麗餅

◆

各種當季水果搭配可麗餅，

發揮創造力擺得美美的，好像在餐廳吃早餐一樣。

輕食早餐無負擔！

材 料

【日式可麗餅皮】

雞蛋	1 個
細砂糖	20g
低筋麵粉	45g
無鹽奶油	5g
全脂牛奶	125g

【鮮奶油霜】

動物性鮮奶油	50g
砂糖	5g

無鹽奶油 （潤鍋用）	10g
草莓、香蕉 喜歡的水果	適量

· 事前準備 ·

1. 事先融化無鹽奶油 5g

2. 水果洗淨，切塊備用

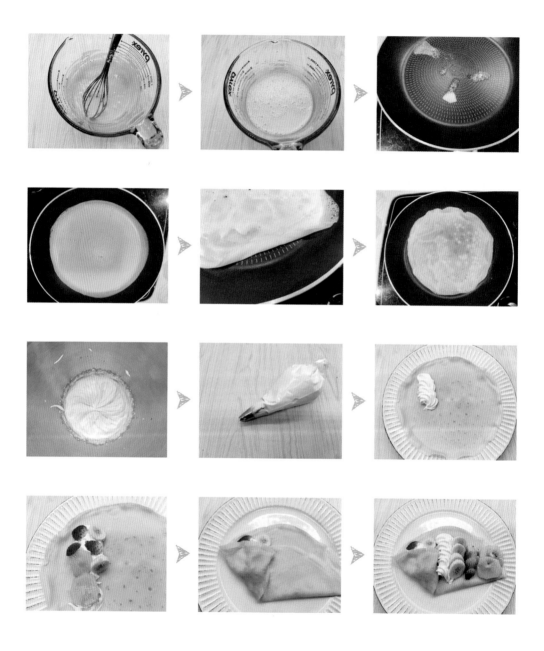

做法

1. 雞蛋和砂糖放在容器裡,打散至細砂糖融化。

2. 加入過篩的低筋麵粉、牛奶和融化的無鹽奶油,攪拌均勻至無粉粒。

3. 在不沾平底鍋中放入奶油,熱鍋。

4. 倒入可麗餅麵糊,用中小火煎到邊緣稍微翹起後就可以翻面,把兩面煎熟。可麗餅皮的厚度依照個人喜好控制份量,但建議不要太厚,煎好後稍微放涼。

5. 動物性鮮奶油和砂糖打發成鮮奶油霜。

6. 將打發的鮮奶油霜裝入三明治袋或擠花袋。

袋子前端先放 6 齒花嘴,或 Wilton 2D 花嘴。

7. 在可麗餅皮上半圓靠近邊緣的地方,擠上少許鮮奶油霜。

8. 擺上一些切片水果。

9. 先把可麗餅皮往上包成半圓形,再將有水果的那端往內摺成扇形。

10. 最後擠些鮮奶油霜和水果裝飾即完成。

小熊饅頭

◆

萌萌表情的小熊好療癒，
圓圓蓬蓬的造型超可愛，
讓你一整天都有好心情！

材 料

中筋麵粉	125g
牛奶	70g
砂糖	20g
速發乾酵母粉	半茶匙
	（約 1.5g）

植物油	1 茶匙

最好使用味道比較不重的油

【造型用】

竹炭粉	少許

做法

1. 中筋麵粉、牛奶、砂糖、速發乾酵母粉、植物油全部放入大碗或攪拌缸內。牛奶份量依麵粉吸水性不同做適量調整。

2. 可以手揉，或用攪拌機，或用麵包機的攪拌功能攪拌，要確定揉至非常光滑的麵團。

如果用攪拌機，低速約 10 分鐘。

每次做造型前，都要再揉過麵團並徹底排氣，這樣蒸出來的包子饅頭才會漂亮喔！

3. 麵團分成 4 等份，揉圓。

4. 取少許麵團，揉圓後壓平，切成兩半當作小熊的耳朵。

5. 貼上耳朵。

可以沾點水幫助黏貼。

6. 取少許竹炭粉混合少許白色麵團，揉成均勻黑色的麵團。

7. 取少量黑色麵團，當作小熊的鼻子和眼睛，貼在小熊的臉上。建議眼睛和鼻子位置呈現鈍角三角形比較可愛。

8. 麵團發酵至 1.5 ～ 2 倍大時，就可以開始蒸。

發酵完成的判斷：可以量饅頭的長度，也可以取少許麵團放在量杯中當作發酵的判斷，例如：觀察量杯刻度 10ml，發酵至約 18ml 的位置，就是差不多發酵好了。

9. 將小熊麵團放入電鍋中，電鍋外鍋放足夠的水。

10. 電鍋與鍋蓋間保留縫隙，才不會被水滴到，定時蒸 15 分鐘。時間到之後拔掉電鍋插頭，等待 3 分鐘再開蓋。

熊熊抱熱狗麵包

◆

偶爾將麵包做一點造型，

很能吸引小孩的目光！！

除了當早餐，也適合當課後點心～

=== 材 料 ===

萬用基礎麵團　1 份

- - - - - - - - - - - - - - -
做法請參考 23-25 頁

熱狗　　　　　適量

高筋麵粉　　　少許

【畫表情用】

竹炭粉　　　　少許

水　　　　　　少許

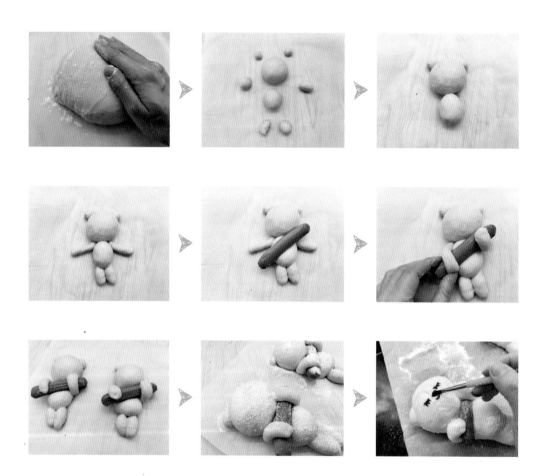

做法

1. 基礎發酵完成的麵團，移到擀麵板上，輕輕拍出空氣。

   如果麵團黏手，可以撒一點高筋麵粉當手粉。

2. 麵團分別秤重：熊熊頭 40g，身體 20g，手和腳分別是 5g 共四份，耳朵 2g 共兩份。

3. 麵團分別揉圓或橢圓狀。

4. 組合各部位成熊熊的造型。

5. 把熱狗斜放在熊的身體上。

6. 手臂分別往上和往下，包著熱狗固定位置。

9. 整形好的麵團放到鋪好烤盤紙的烤盤上，發酵。

   造型的麵包後發不需要太久以免變形，大約發酵 1.3 倍即可。

10. 烤前撒上高筋麵粉，這樣烤出來的麵包是偏白的熊熊。放入已預熱至 180°C 的烤箱，烤 15 分鐘。

    每台烤箱不同，請依照烤箱特性調整烤溫和時間。

11. 最後用乾淨畫筆沾取竹炭粉和少許水調成的可食用顏料，畫出各種熊熊表情。

小豬貢丸肉包

◆

因為不想自己做麻煩的肉包內餡，靈機一動，
改用貢丸當作內餡，覺得這樣做肉包很快速又方便呢！

材 料

（可做 4 個肉包）

【肉包皮】

中筋麵粉	125g
牛奶	70g
砂糖	20g
速發乾酵母粉	半茶匙
	（約 1.5g）
植物油	1 茶匙

最好使用味道比較不重的油

【造型用】

紅麴粉	少許
竹炭粉	少許

【內餡】

市售貢丸	4 顆

Memo

可以在烘焙材料行或網路上買得到各種食材乾燥做成的天然色粉，像此食譜中的紅麴粉、竹炭粉…等，大家可以自行選色做變化。

做法

1. 中筋麵粉、牛奶、砂糖、速發乾酵母粉、植物油全部放入大碗或攪拌缸內。牛奶份量依麵粉吸水性不同做適量調整。

2. 可以手揉，或用攪拌機，或用麵包機的攪拌功能攪拌，要確定揉至非常光滑的麵團。

　　如果用攪拌機，低速約 10 分鐘。

　　每次做造型前，都要再揉過麵團並徹底排氣，這樣蒸出來的包子饅頭才會漂亮喔！

3. 麵團分成兩等份，一半加入少許紅麴粉，揉成均勻粉紅色的麵團。

4. 粉紅色麵團保留約 10g，等一下做五官造型用。其餘分成兩等份，揉圓。

5. 擀平粉紅色麵團，包入 1 顆貢丸。

6. 收口捏緊，朝下，放在饅頭紙上。

7. 取白色麵團約2g，揉成橢圓形後壓扁，貼在粉紅色麵團上當作豬豬的鼻子。

8. 用筷子在白色麵團上戳出兩個鼻孔。

9. 取白色麵團約各 1g，做出兩個三角形，當作耳朵貼上。

可以沾點水幫助黏貼。

10. 白色小豬也是一樣的做法，鼻子和耳朵用粉紅色麵團，製作白色的豬豬肉包。

11. 把麵團一一放在饅頭紙上，待麵團發酵至約 1.5 ～ 2 倍大，就可以開始蒸。

發酵完成的判斷：可以量饅頭的長度，也可以取少許麵團放在量杯中當作發酵的判斷，例如：：觀察量杯刻度 10ml，發酵至約 18ml 的位置，就是差不多發酵好了。

12. 將麵團放入電鍋中，電鍋外鍋放足夠的水，電鍋與鍋蓋之間保留縫隙，才不會被水滴到，定時蒸 15 分鐘。時間到之後拔掉電鍋插頭，等待 3 分鐘再開蓋。

13. 竹炭粉加少許水調勻，當作畫表情用的可食用顏料。

14. 用乾淨的畫筆沾取，畫出豬豬的眼睛。

15. 雙色小豬肉包完成！內餡除了貢丸，也可以使用你喜愛的其他肉丸類。

泡湯熊 × 暖心南瓜湯

◆

有時早上就想吃點熱的料理暖胃，
黃澄澄的南瓜湯製作容易、營養滿分，
讓吐司小熊陪你吃早餐！

材　料

南瓜	200g	牛奶	150g
洋蔥	1/4 顆	鹽	少許
高湯	200g	胡椒	少許
吐司	1 片		

事前準備

將巧克力醬填入小袋中，並剪掉一小角

Memo

南瓜濃湯濃度可以自行依照個人喜好，
調整牛奶和高湯的份量。

做法

1. 南瓜剖半放入電鍋，在外鍋倒一杯水，蒸熟。

用筷子戳一下，若能穿透就是夠軟了。

2. 挖除南瓜籽。

3. 洋蔥切丁，入鍋炒熟至透明狀。

4. 把蒸熟的南瓜、炒過的洋蔥、牛奶一起放入果汁機或食物處理機，加少許鹽和胡椒調味，打成濃湯。

5. 用擀麵棍擀一下吐司，再用熊熊餅乾模將吐司壓出形狀。

6. 用烤箱或平底鍋，將熊熊把吐司烤到表面上色成淺咖啡色，再用事前準備好的巧克力醬擠出小熊的五官與耳朵。

7. 將小熊擺入南瓜湯裡面，讓上半身斜靠湯碗側邊，好像是在泡湯的感覺，超療癒的！吃的時候可以用吐司麵包沾南瓜湯。

Chapter

3

Good
morning!

· Breakfast ·

每天都不同的

10 分鐘早餐

孩子，你可以不勇敢，
媽媽會等你，陪著你長大。

Story

我與海頓的早餐小故事－
孩子，你可以不勇敢

記得海頓還小的時候，滿心期待地帶他去電影院看他很喜歡的卡通人物電影，開演沒五分鐘，海頓就一直害怕地說：「太大聲了～」。他甚至搞起耳朵，說他會怕，我就帶他到影廳外面的椅子上坐一下，覺得電影院裡傳出的聲音沒有很大後，再嘗試進去看。但他還是太害怕了！我想也跟電影院裡很黑暗有關吧！那天嘗試進出影廳幾次之後，因為他還是說不喜歡、太大聲了，我們只好放棄回家，自此海頓就沒再去過電影院。

「沒關係，馬麻等你準備好。」我那時候是這樣跟海頓說的。

我知道他心裡是有點受傷的，他可能也有點自責自己的反應，或對自己失望，畢竟那部電影有他很喜歡的卡通人物，而且還是他自己要求我帶他去看的。為了安慰他，隔天的早餐我就做了他喜歡的卡通角色造型，他一看到就開心地大笑說：「做得好像喔！媽媽好厲害！」我問他：「好不好吃啊？」他說很好吃：「馬麻，明天可以再做一個他的朋友嗎？」嘿！這小子！還點餐起來了！看他笑得那麼開心，我知道小小受傷的心靈有被療癒了！

最近他看到另一部電影，是他喜歡的英雄人物。他突然跑來跟我說他準備好了！覺得可以「試試」去電影院看電影了！哦耶，終於等到這一天！

孩子，你可以不勇敢，媽媽會等你，陪著你長大。

古早味蛋餅

◆

自己做蛋餅真的很簡單很迅速，比跑一趟早餐店更快完成！

而且可以變化自己喜歡的口味，夾各種料，

例如：玉米蛋餅、肉鬆蛋餅、起司蛋餅等，

是我們家的常備早餐喔！

材　料

中筋麵粉	50g	雞蛋	1 顆
水	120g	鹽	適量

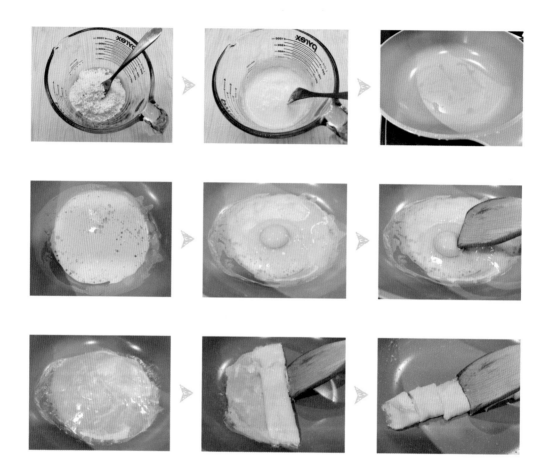

做法

1. 中筋麵粉、水 120g 放入碗中，攪拌均勻至無粉粒。

2. 取一個平底不沾鍋，放入少許油預熱。

3. 倒入一半的麵糊，同時快速轉動鍋子讓麵糊攤平。

4. 等麵糊稍微定型，打入 1 顆蛋，加點鹽。

5. 快速用鍋鏟把蛋液和鹽均勻攪散，等麵糊邊緣稍微翹起，就可以捲起成蛋餅。

蛋液攪散後，此時可以放各種喜愛的食材。

6. 用鍋鏟將蛋餅切小段，繼續把兩面煎熟就完成啦！

古早味蔥油餅

◆

當初跟家裡的長輩學做蔥油餅時，
問老人家做蔥油餅的秘訣是什麼？
長輩說：「油夠，鹽夠，就好吃！」
用燙麵搭冷開水比例做的蔥油餅外酥內軟，
真的是令人喜愛的古早味！

材料

中筋麵粉	300g	麻油	適量
100°C 熱水	130g	蔥花	適量
室溫冷水	60g	鹽	適量

做法

1. 中筋麵粉 300g 加上 100°C 熱水 130g，先用筷子攪拌成棉絮狀。

2. 加入室溫冷水 60g，再用筷子攪拌，等麵團成團狀，用手揉均勻。如果覺得麵團太濕，就加一點油。

   建議使用麻油或沙拉油。

3. 蓋上保鮮膜或鍋蓋，讓麵團鬆弛 30 分鐘。

4. 將麵團分成 4 等份，擀成圓片。

5. 取適量麻油，抹在麵團上。

6. 撒鹽，用手稍微抹進麵團裡。

7. 鋪上蔥花，捲起成長條狀，一邊把空氣擠出來。

8. 再捲成像蝸牛一樣。

9. 想吃厚蔥油餅就輕輕拍壓一下，想吃薄一點的，就讓麵團鬆弛一下，再用擀麵棍擀薄。

10. 將蔥油餅放入加了油的平底鍋中，煎至兩面金黃即可享用。

Memo

如果沒有馬上要煎，可以用保鮮膜包好冰存。保存時，一片蔥油餅、一片保鮮膜，以間隔方式疊放，放置冷凍庫保存。提前做好，早餐想吃時不用退冰就可以拿出來煎，非常方便。

鮮魚粥

◆

鯛魚沒刺，又很容易煮熟，很適合拿來煮粥。

用冷凍白飯煮粥能夠快速完成。

冬天時，來碗粥當早餐，暖心又暖胃～

材 料

冷凍白飯	1 碗	薑	1 小段
水	約 600g	日式醬油	少許
（或蓋過白飯的份量）		鹽	少許
鯛魚片	1 片	白胡椒	少許

做法

1. 將冷凍白飯和水放入鍋子裡，煮滾後轉中小火續煮。

2. 鯛魚切塊，薑切片。

3. 待粥煮滾後，把鯛魚塊和薑片放入鍋中一起煮。

4. 煮到喜歡的稠度後，加入少許日式醬油和鹽、白胡椒調味即可關火。

烤酪梨蛋

炙燒起司飯糰

烤酪梨蛋

◆

超健康的酪梨搭配雞蛋，
運用簡單的食材，
組合成美味又營養滿分的早餐！

材 料

大的熟酪梨	半顆	鹽	少許
雞蛋	1個	黑胡椒	少許
櫻花蝦	少許		

Step by step

做法

1. 從中間將酪梨剖半，取出籽。

2. 將底部稍微切平，酪梨比較不會滾動。

3. 把蛋黃蛋白分開，將蛋黃舀入放置在酪梨的凹槽內。

4. 再舀入蛋白填滿空間。

因為每顆酪梨大小不同，如果酪梨比較小，先放入蛋白的話，蛋黃會沒有空間放入。

5. 放少許櫻花蝦。

6. 加少許鹽、黑胡椒調味。

7. 放入預熱至 180℃ 的烤箱，烤約 15 ～ 20 分鐘。或看個人喜歡蛋的熟度，調整烤的時間。

炙燒起司飯糰

◆

很日本風的飯糰，
搭配香噴噴的炙燒起司，
大人小孩都無法抗拒它的美味！

材 料

溫熱白飯	適量	起司塊	1 顆
香鬆	適量	起司片	1 片

= Step by step =

做法

1. 溫熱白飯加少許香鬆，稍微攪拌。

2. 將香鬆飯擺在耐熱保鮮膜上。

3. 放入起司塊 1 顆。

4. 保鮮膜收口並扭轉，幫助飯糰整形成圓球，同時用手壓實。

5. 打開保鮮膜，取出圓球飯糰，擺一片適量大小的起司在飯糰上。

6. 用噴槍稍微炙燒起司即完成。

快速的義大利麵

干貝麻油麵線

快速的義大利麵

◆

有現成的義大利肉醬麵很方便，
早上來點熱熱的主食很開胃！

材 料

義大利螺旋麵　適量

義大利肉醬　　適量

熟紅蘿蔔丁　　適量

也可以放其他燙熟的蔬
菜丁，例如：花椰菜丁、
玉米…等

【煮麵用】

鹽　適量

煮義大利麵的水要夠，鹽也
要足夠，麵才會好吃有味
道！

Step by step

做法

1. 煮一鍋滾水，放足夠的鹽，水滾後放義大利麵。

2. 把義大利麵的水分確實瀝乾。

3. 義大利麵加少許義大利肉醬、熟紅蘿蔔丁一起拌炒即完成。

干貝麻油麵線

◆

簡單版的麻油麵線，不用再煸炒薑片，
利用家裡現有干貝醬或拌醬，
簡單煮一碗麵線，中式早餐吃得很滿足！

—————————— 材 料 ——————————

麵線	1 把	麻油	少許
干貝醬	適量	蔥花	少許

Step by step

做法

1. 煮一鍋滾水，水滾後放麵線。

2. 瀝乾麵線的水，拌入少許麻油。

3. 放上干貝醬和蔥花即完成。

──── Memo ────

如果買來的麵線本身沒有鹹度，煮麵線
時才需加鹽。

冰淇淋飯糰

◆

夏天吃早餐總是感覺沒什麼食慾，
做了冰淇淋造型的飯糰，超可愛的！
孩子是視覺動物，只要看到雙球冰淇淋，
馬上就伸手拿啦！

材 料

溫熱白飯	適量	南瓜粉	少許
紅麴粉	少許	冰淇淋餅殼	數個

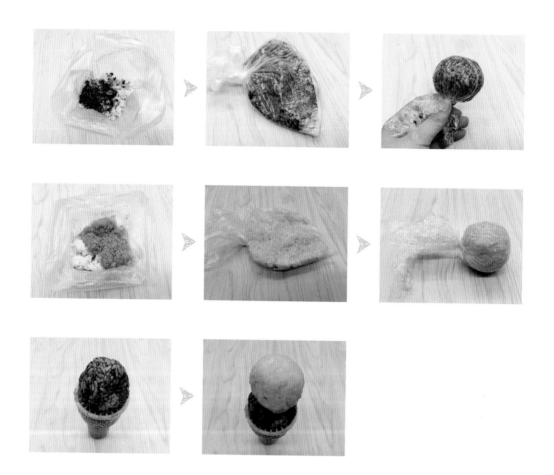

Memo

可以在烘焙材料行或網上買得到天然的
乾燥南瓜粉，若沒有的話，也可以用壓
碎的蛋黃取代喔！

做法

1. 在耐熱袋裡放少許白飯和少許紅麴粉。

2. 將耐熱袋裡的材料均勻揉成紅色飯糰。

3. 把飯放在耐熱保鮮膜上,旋轉收起, 扭成圓球。

4. 在另一個耐熱袋裡放少許白飯和少許 南瓜粉。

5. 耐熱袋裡的材料均勻揉成黃色飯糰。

6. 把飯放在耐熱保鮮膜上,旋轉收起, 扭成圓球。

7. 在冰淇淋餅殼裡擺上紅麴圓球飯糰。

8. 再疊上南瓜圓球飯糰,可愛的雙球冰 淇淋飯糰完成!

米漢堡

◆

可以當主食也能當點心的米漢堡，
其實在家就能做得出來～～
醬油香氣讓人食指大動！

材 料

白飯	適量
日式醬油	適量
雞蛋	1個

【漢堡肉】

豬絞肉	450g
蒜末	少許
蔥末	少許
洋蔥碎丁	少許
鹽	少許
雞蛋	1個
帕瑪森起司粉	1大匙

Memo

1 我習慣一次把漢堡肉做起來，每個分
別用保鮮膜包裝好冷凍保存，要吃的
時候從冰箱取出，快速料理很方便。

2 如果沒有這種電烤盤，也可以用塔模
或煎蛋模將白飯定型，做出兩片。

做法

1. 取一個大碗,放入豬絞肉 450g、少許蒜末、蔥末、洋蔥碎丁、適量的鹽、全蛋 1 個,用手抓醃入味,用力攪拌到蛋液全部吸收為止。

2. 加入帕瑪森起司粉 1 大匙,再繼續用力攪拌絞肉,稍微摔打讓肉有點黏性,呈現毛邊狀,就可以捏成漢堡肉了。

3. 在漢堡肉中間挖一個小洞,煎煮的時候比較好熟透。

4. 將白飯放入六格烤盤的其中兩格裡。用飯匙壓平,飯要確實壓緊壓實,到時候組合才不會散開,煎起來形狀也好看。

---------- ∕ ----------

飯匙可以沾點水再壓。

5. 將一個漢堡肉放入電烤盤的六格烤盤中,烤盤轉小火,再用另 1 格煎 1 個雞蛋。

6. 刷上日式醬油,以小火煎至定型後翻面。

7. 另一面也刷上日式醬油,只要兩面微焦即可。

8. 待漢堡肉和蛋都煎熟後,依序疊起,就完成小孩最愛的米漢堡囉!

彩虹燕麥碗

◆

搭配當季水果或香蕉切片搭配燕麥片，

讓色彩亮麗的一道彩虹出現在碗中，

一整天都好心情！

═══════════ 材　料 ═══════════

即食大燕麥片　適量　　　不同顏色水果　適量

牛奶　　　　　適量

做法

1. 倒入牛奶，淹蓋過燕麥片，放入冰箱冷藏一晚至隔天。

2. 早上將水果全部切好，我用的是草莓切片、葡萄切半、藍莓少許。

3. 照顏色擺列整齊，放在燕麥片上。

─────(Memo)─────

燕麥粥是我們家每個禮拜至少有一天會吃的早餐，前一晚把即食燕麥片泡在牛奶
或豆漿裡，不需要煮，隔天早上從冰箱拿出來就可以吃了，超方便超簡單！可以
搭配水果或是堅果、果乾，趕時間的時候吃燕麥粥就對了！

換種吃法！

燕麥片也可以分裝入小玻璃杯中，擺入切小塊的水果，或是加點奇亞籽，蓋上蓋子或保鮮膜，放入冰箱冷藏一晚，隔天一早就可以直接享用囉！

多層優格杯

◆

多層優格杯是快速早餐的好幫手，
只要打開冰箱找食材就能完成的早餐！

材料

原味優格　　　　適量　　　各種水果　　　　適量

即食大燕麥片　　適量

也可用各種堅果、果乾
來搭配

Step by step

做法

1. 將原味優格放入容器裡。

如果是要前一晚就準備好，放入有蓋
的密封罐裡。

2. 加入適量的即食燕麥片。

3. 再堆疊一層原味優格。

4. 擺上切好的水果，美美完成！

Story

我與海頓的早餐小故事－
給孩子的機會教育

猜猜哪盤是我的早餐？！！

答案揭曉，右邊是我的；左邊那盤碎屑吐司邊才是小海頓的！

只是想告訴小海頓，馬麻自己做的可愛早餐當然可以自己吃掉吧！醜醜的就要請他幫忙吃！這社會也是一樣的，不是每件事情都公平，也不會永遠讓他得到最好的。

就像最近我發現他的受挫度很低，非常好勝，所以跟他玩遊戲時，馬麻我硬是沒在讓步放水，總是全力以赴跟他玩，如果贏他的時候，他很挫折就會生氣，還會哭。

我會跟他說，你不可能永遠贏，永遠第一，但剛剛玩遊戲的時候有沒有開心？有沒有學到什麼？為什麼輸？（然後下次再玩，我當然還是贏他…好啦～偶爾我還是會放水培養一下自信）。

我們沒有辦法永遠第一名，重要的是學習如何面對失敗跟挫折。

小海頓3歲的時候愛玩煮飯遊戲，煮完端來給我吃，我有時候會說，這個不好吃耶。他會愣住，以為大人都會假裝吃一口說：「嗯～好吃！」孩子呀，這是真實的世界，你覺得你做得很棒，但總會有人喜歡、有人不喜歡。但我會問：「你自己覺得你煮的好吃嗎？重要的是你自己的心喔！」

世界不公平，但你怎麼看你自己、愛你自己很重要！

愛吃早餐！愛自己！

Homemade toast

好記又好做的「333吐司」

　　在本書中介紹的吐司早餐食譜，除了使用市售吐司，喜歡烘焙的朋友，則不妨在家自己試做看看！海頓媽媽的「333吐司」食譜一直很受家人與朋友們的喜愛，而且非常好記，在食材列表裡，除了水分之外都是「3」，而且吐司一直是萬用麵包的種類之一，是非常多變化的主食材。

═══ 材 料 ═══

（約1條12兩吐司）

高筋麵粉	300g	速發乾酵母粉	3g
細砂糖	30g	牛奶	200g
鹽	3g	奶油	30g

Step by step

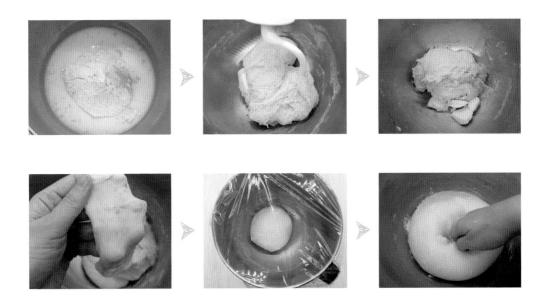

做法

1. 除了奶油之外，將全部材料放入攪拌機或麵包機中。

2. 攪拌麵團至出筋。

3. 加入奶油後繼續攪拌。

4. 攪拌至麵團可以產生薄膜為止。

5. 將麵團放入大碗內，用保鮮膜封好。

6. 做基礎發酵至麵團變成 2 倍大。

如果有發酵箱，設定 30℃，發酵 50 分鐘。

冬天溫度比較低，可以放在烤箱，烤箱不用設定溫度，在裡面放一鍋熱水，
製造出比室溫高的環境，會發酵得比較快。

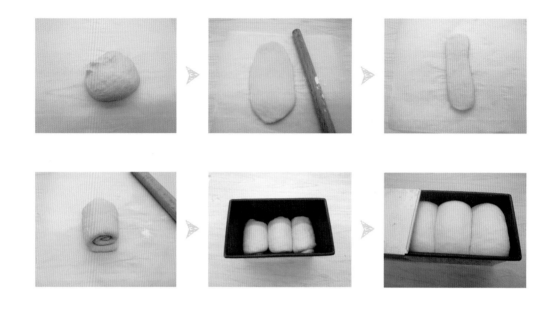

Memo

依高筋麵粉與牛奶的調合狀態，可稍微
調整牛奶用量，不同品牌的高筋麵粉吸
水度略有不同。

7. 將第一次發酵好的麵團稍微排氣。

8. 把麵團分成 3 等份，滾圓鬆弛約 10 分鐘。

9. 將麵團先擀成長條狀。

10. 從麵團短邊捲起後再擀開。

11. 再一次從短邊捲起。

12. 將捲好的麵團擺在吐司模中間。

13. 另外兩個麵團也依步驟 9 ～ 11 做兩次擀捲，再放入吐司模。

14. 在吐司模蓋上保鮮膜進行二次發酵，讓麵團發酵至吐司模約 8、9 分滿的高度。可以將吐司模放在發酵箱或溫暖的地方，縮短發酵時間。

15. 發酵完成後，蓋上吐司模上蓋，放入已經預熱好 210℃ 的烤箱烤約 40 分鐘。

每台烤箱不同，請自行調整溫度時間。出爐後脫模，放在烤箱上待涼。

16. 出爐後脫模，放在烤箱上待涼。

酪梨開放吐司

神秘訊息吐司

酪梨開放吐司

◆

很文青風的吐司！
不想塗果醬、奶油的時候，
就用酪梨泥來取代，營養又健康！

材　料

熟酪梨	適量	鹽	少許
檸檬	半顆	黑胡椒	少許
吐司	1 片		
番茄醬	少許		

註：依個人喜好可另準備荷包蛋一
起享用，讓營養更加分！

Step by step

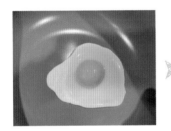 

做法

1. 用叉子將熟透的酪梨壓成泥。

2. 擠入少許檸檬汁、鹽、黑胡椒調味，
   攪拌均勻成酪梨醬。

3. 將酪梨醬抹上吐司，可以用叉子稍
   微做造型，以及擠上少許番茄醬，
   搭配荷包蛋，就是一頓營養美味的
   早餐！

神秘訊息吐司

◆

嘿！想跟你說個小秘密！

寫上我的內心悄悄話～

讓早餐變成和家人說話的暖心時刻～

═══════════ 材 料 ═══════════

吐司　　　　1 片

起司片　　　1 片

━━━━━━━━ Step by step ━━━━━━━━

做法

1. 將起司的包裝剪開，保留其中一面，是剛好可以覆蓋起司的大小。

2. 準備烤好的吐司，連帶塑膠包裝擺上起司，讓包裝面朝上。

要吃之前再把透明塑膠包裝撕掉即可。

3. 在包裝面上寫字或畫畫，用一點小技巧，就可以把訊息和關心傳達給家人，讓早餐充滿愛！

起司烤蝦吐司

吐司鯛魚燒

起司烤蝦吐司

◆

這道早餐的靈感就是比薩，
用吐司快速做比薩，是懶人的好方法！
烤得脆脆的吐司加上鮮蝦和美乃滋，超開胃！

材 料

吐司	2片	焗烤用起司絲	適量
去殼鮮蝦	12片	美乃滋	適量

Step by step

做法

1. 將吐司對半切。

2. 放上焗烤用起司絲。

3. 擺上鮮蝦，半片吐司大約可放 3 隻，
   可依個人喜好增減。

4. 最後擠上美乃滋，放入預熱好 180°C
   的烤箱烤約 10 ～ 15 分鐘，看蝦子大
   小調整時間，只要蝦子熟了或和起司
   融化即可取出。

吐司鯛魚燒

◆

不用調鯛魚燒麵糊，用吐司機熱壓一下，
很快就有吐司版鯛魚燒可以吃了！
超適合忙碌趕時間的早晨！

=== 材 料 ===

吐司	2 片
市售紅豆餡	適量

· 事前準備 ·

三明治熱壓鬆餅機，放上鯛魚燒模，預熱 2 分鐘。

=== *Step by step* ===

 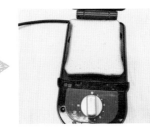 

做法

1. 把一片吐司擺上熱壓三明治鬆餅機。

2. 在鯛魚燒凹槽內，擺入紅豆餡。

3. 把吐司對折，另一個鯛魚燒凹槽也按上述步驟完成。

4. 蓋上三明治熱壓鬆餅機，加熱 3 分鐘即完成。

5 分鐘藍莓乳酪醬吐司

香蕉吐司捲

5分鐘藍莓乳酪醬吐司

◆

煮果醬通常很花時間～
只要使用這招小撇步，
很輕鬆就完成有果醬口感的吐司呢！

材　料

新鮮藍莓	適量	奶油乳酪	少許
吐司	2片		

可選擇抹醬型，比較軟

· 事前準備 ·

1. 洗淨藍莓並擦乾。　2. 在熱壓三明治鬆餅機放上熱壓吐司模，預熱2分鐘。

=== *Step by step* ===

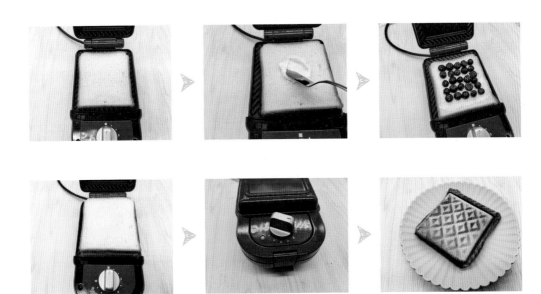

做法

1. 在熱壓三明治鬆餅機擺上一片吐司。

2. 抹上奶油乳酪。

3. 以不重疊方式擺上藍莓。

4. 再擺上一片吐司,蓋上熱壓三明治鬆餅機,加熱 3 ～ 5 分鐘。

5. 取出吐司,切半即可享用!

香蕉吐司捲

◆

香蕉、花生醬和吐司，真的是好朋友！
捲一捲再切小段，懶人早餐快速完成啦！

材料

吐司	1 片	花生醬	少許
香蕉	1 條		

Step by step

做法

1. 用擀麵棍擀壓吐司，等一下比較好捲起來。

2. 在吐司表面均勻抹上花生醬。

3. 擺上一條香蕉。

4. 把吐司捲起，收口朝下，捲的時候稍微用力捲
   緊定型。

5. 將吐司切小段，比較好入口。

6. 可用小叉子幫助固定，也是很可愛的裝飾呢！

一鍋到底懶人三明治

◆

想做三明治還得要烤吐司＋煎蛋＋煎肉片嗎？

這樣一鍋到底就能做出懶人三明治實在太方便了！

材 料

雞蛋	2 個	切片午餐肉	2 片
吐司	2 片	起司片	2 片
奶油	適量		

做法

1. 在碗中打 2 個雞蛋，打散成蛋液。

2. 使用不沾平底鍋，放入奶油熱鍋。

3. 倒入蛋液，再放入吐司。

4. 吐司快速沾蛋液後，馬上翻面。

5. 等蛋液凝固，將蛋皮的兩端往內摺，
   包住吐司，然後翻面。

6. 放上午餐肉片、起司片。

7. 最後將吐司對折即完成。

生日快樂水果三明治

◆

吹蠟燭囉！甜滋滋的水果、清爽的鮮奶油霜夾在吐司裡，

切開就是驚喜的蠟燭造型！Happy birthday！

材 料

草莓	1 個	動物性鮮奶油	150g
香蕉	1/3 條	砂糖	15g
吐司	2 片		

註：若不想打鮮奶油霜，也可以用水分較少、質地稠的「希臘優格」代替。但請不要使用一般優格，會讓吐司整個濕掉。

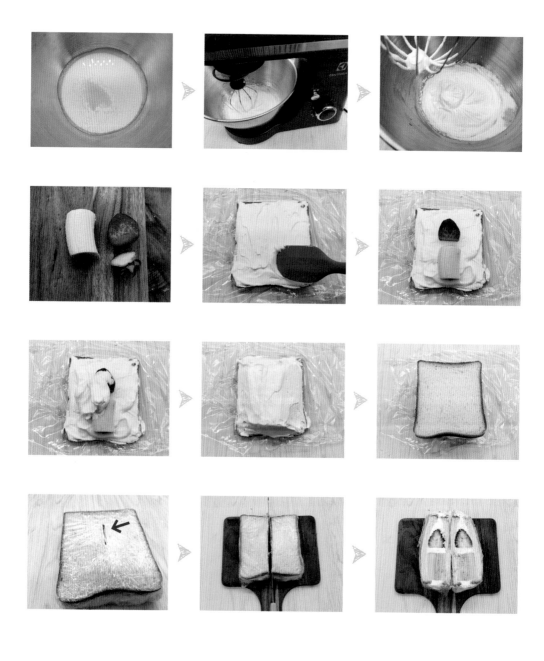

做法

1. 將動物性鮮奶油和砂糖放入攪拌鍋內，用攪拌機打至有紋路的鮮奶油霜。

2. 洗淨草莓並去掉蒂頭；選擇香蕉比較直的一段，切小段。

3. 在吐司上抹上一層鮮奶油霜。

4. 在吐司正中間上方擺上草莓，下方擺香蕉。

5. 再把鮮奶油霜覆蓋在水果上。

6. 塗抹時要完全覆蓋住，確實有完整包覆水果，切開才會好看喔！

7. 蓋上另一片吐司。

8. 用保鮮膜包起整個吐司，稍微壓實一下。

9. 用筆在保鮮膜上做個記號，到時候要切開的方向才不會搞錯。放入冰箱冷凍 1 小時，讓三明治定型。

10. 依照記號方向切開吐司，驚喜蠟燭圖案就出現了！

Chapter

4

Good
morning!

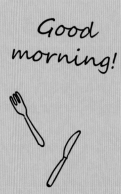

· Breakfast ·

常備麵包與
手作飲品

週間麵包時間管理

常常有人問：「沒時間、好忙，怎麼做麵包？」在這裡跟大家分享一下我的麵包時間管理。

做麵包基礎概念

在解釋我的「麵包時間管理」之前，先來講做麵包的簡單基礎概念和程序，這本書中分享的是用「直接法」做麵包，以及免揉麵團做麵包。又或是免揉麵團配方搭配直接法的製作發酵程序，也可以做麵包。

【直接法】
所有材料混合與麵團攪拌→麵團基礎發酵→秤重分割→麵團整形→後發→烘烤
> **時間** 大約 3、4 小時

【免揉麵團】
材料混合→發酵 30 分鐘→第 1 次翻折→發酵 30 分鐘→第 2 次翻折→發酵 30 分鐘→整形→發酵 30 分鐘→烘焙
> **時間** 約 2 個半小時

哪個步驟可以節省時間？

再來聊聊麵包時間管理，某些步驟可以調整時間的地方：

1. 材料混合麵團攪拌：

a. 製作麵包時，希望能將麵團揉出筋，再加入奶油揉出薄膜。用麵包機和攪拌機能夠加速這個過程，會比手揉輕鬆省時。

b. 另一個方式，就是在本書中也有分享的一些「免揉麵包」食譜。免揉麵團配方的特色就是：「不需要攪拌也能做出好吃麵包」，搭配麵團翻面與發酵，也能夠縮短麵包製作時間。

2. 發酵：

麵團放在發酵箱或是溫暖的地方，減少發酵的時間。例如：在烤箱或微波爐裡放麵團和一鍋熱水，利用熱水蒸氣和密閉空間，製造溫暖的環境；家中烤箱有發酵功能或有發酵箱的朋友，則可加以利用。或是把烤箱先加熱一下，然後關掉，用餘溫（約 40°C）發酵麵團，但要小心烤箱溫度得控制好。家庭製作麵包不用很精準，大概溫暖的環境溫度就可以。

另一個可以調整的部分，就是「冷藏發酵」，將麵團包好，放在冰箱冷藏，能夠延緩麵團發酵的速度。冷藏發酵約 12 ～ 18 小時，剛好讓麵團從前一晚睡到早上，這個方法適合沒空從頭做到尾的朋友。

3. 整形：

如果有時間的話，可以製作多個、有造型的麵包。沒有時間的話，就是簡單一個大麵包，例如書中的「免揉黑糖桂圓核桃麵包」，需注意一下，麵包越大，烤的時間也會跟著拉長。

4. 烘焙：

食譜做法中的烘烤時間只是參考，因為每台烤箱不太一樣，大家還是要認識自己家中的烤箱並且做調整喔。

海頓媽媽做麵包時間範例

接下來舉一些我平常製作麵包的時間範例，給大家參考：

舉例 1 晚上回家做麵包

*1.*如果我晚上想來個夜烤，也就是從頭做到尾，從攪拌麵團到等麵包出爐，我會做免揉麵包，只要不到2.5小時就能完成。或是製作簡單造型的麵包。不過會說「夜烤」，是因為麵包出爐後還要稍微等待放涼喔！所以假設晚上7點開始製作，烤完會接近12點。當然中間攪拌機揉麵或等待發酵時間，可以做別的事情，不是花全部時間都在製作麵包。

舉例 2 無法一次完成，需要分割時間

可以使用直接法 + 冷藏法！晚上回家後，將全部材料揉好就丟冰箱發酵，隔天早上切割→麵團整形→後發→烘烤。如果隔天早上沒空，就繼續冷藏到隔天晚上，把基礎發酵好的麵團繼續完成；簡單地講就是沒空的話可以把麵團塞冰箱冷藏，讓麵團慢慢發酵，再接著製作。

舉例 3 早上開始做麵包

早上起床之後，開始揉麵團，大約 15 ～ 20 分鐘，然後把麵團丟冰箱冷藏基礎發酵。晚上回家後拿出麵團退冰→麵團整形→後發→烘焙。

或是也可以早上揉麵團→基礎發酵，過程約 1 小時，整形好後丟冰箱做後發，晚上回家後再拿出麵團退冰至室溫→烘烤（可以使用「冷藏發酵」的方式完成後發，但我比較少用，因為冰箱容量有限，很難放進一大盤已經整形好且有造型的麵團，所以通常是製作吐司，回家後取出來觀察麵團狀態，如果還沒完成發酵，有需要就放在溫暖的地方繼續發酵，然後烘焙）。

舉例 4 很忙又懶的時候

這時就用免揉麵團＋冷藏發酵！沒時間揉麵團到薄膜狀態，時間又被切割而無法一次完成麵包製作時，這樣的搭配最棒了！製作好免揉麵團，放入冰箱基礎發酵，再拿出來完成其他麵包步驟。

接下來示範幾款免揉麵包食譜：

1. 免揉佛卡夏
2. 免揉全麥拖鞋麵包
3. 免揉黑糖桂圓核桃麵包

免揉佛卡夏

◆

佛卡夏可以當主食或餐前麵包，

最愛這種免揉簡單省時的麵包了！

我的食譜使用的是中筋麵粉，

如果在疫情期間不好取得高筋麵粉的朋友，

也可以用中筋麵粉製作喔！

材 料
（8 吋烤盤）

【麵包】

中筋麵粉	250g
鹽	5g
速發乾酵母粉	3g
水	190g
橄欖油	1 大匙（一次發酵）
	+1 大匙（二次發酵）

【整形】

橄欖油	適量
鹽	適量
乾燥洋香菜葉	適量

Memo

麵團發酵的時間沒有一定，由於每個人家裡的製作環境不同，加上因為季節而變的溫濕度也不同，所以家庭製作麵包時，看麵團體積決定大約發酵程度即可。

做法

1. 將中筋麵粉、鹽、速發乾酵母粉、水全部放在一個大碗中，攪拌均勻。

2. 淋上 1 大匙橄欖油，均勻包覆麵團。

3. 蓋上鍋蓋或保鮮膜，放在溫暖的地方，讓麵團發酵至約 2 倍大。

如果天氣冷，我會把麵團放烤箱裡，沒有設定烤箱溫度，烤箱裡放一小鍋熱水製造溫暖的環境。

4. 將少許橄欖油倒入 8 吋烤盤裡，用刷子刷一下防沾。

5. 放入完成基礎發酵的麵團，讓麵團兩面都抹上橄欖油，稍微整形平整。

(Memo)

特別做成菱格紋造型，讓佛卡夏變得美
美的！！當然用手指隨意戳洞也可以，
凹洞的表面能讓油脂和鹽聚積，吃起來
更有風味。

6. 進行二次發酵，讓麵團長大至烤模 7 分滿。

7. 麵團表面淋上 1 大匙橄欖油，用手稍微抹均勻。

8. 用指尖戳洞，成菱格紋造型。

9. 麵團上撒乾燥洋香菜葉或喜歡的義大利香料和鹽。

記得撒足夠的鹽，推薦用顆粒大一點的鹽，吃起來比較夠味道。

10. 放入預熱至 180°C 的烤箱烤 35 分鐘，烤至麵包上色。烤溫時間請依照每台烤箱不同，自行調整。

11. 出爐後，趁熱在麵包上淋 1 大匙橄欖油。

佛卡夏好吃在於橄欖油的用量，所以製作時請不要吝嗇，記得選擇用品質好一點的橄欖油。

免揉全麥拖鞋麵包

♦

單純麥香的麵包是冷藏發酵慢慢堆疊的好味道，
出爐後稍微放涼，我就忍不住吃了一塊，
有點脆的外皮、鬆軟有點嚼勁的組織，
沾初榨橄欖油和紅酒醋，馬上就像在高級餐廳了，
自己做麵包真的不難，非常推薦大家動手試試看！

材 料

高筋麵粉	170g	速發乾酵母粉	2g
全麥麵粉	30g	橄欖油	20g
水	150g	鹽	5g

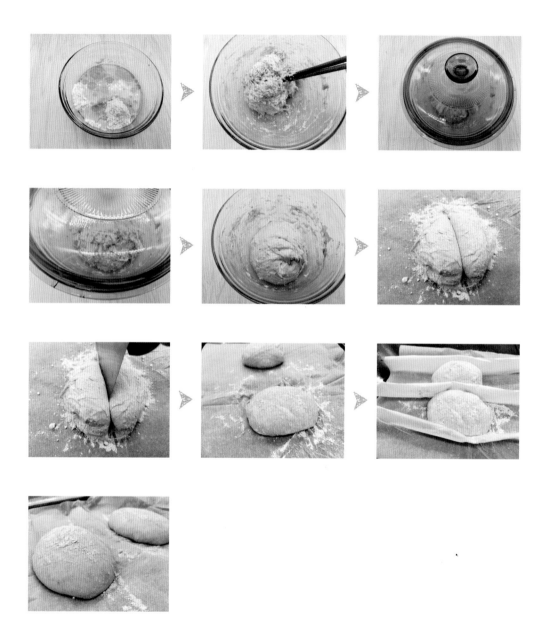

切成拖鞋狀的拖鞋麵包很可愛！

做法

1. 全部的食材放入大碗中。

2. 用筷子攪拌均勻。

3. 蓋上鍋蓋或保鮮膜。

4. 放入冰箱，冷藏發酵約12～18分鐘。

5. 取出麵團，撒一點高筋麵粉當手粉，切成兩半。

6. 稍微整成橢圓形，小心不要太大力讓麵團消泡了。

7. 將麵團放在烘焙紙上，讓烘焙紙立折起來，幫助麵團發酵時的形狀更立體。

8. 等麵團發酵到兩倍大，在預熱好220°C的烤箱裡烤20分鐘。

烤溫時間請依照每台烤箱狀況，自行調整。

免揉黑糖桂圓核桃麵包

◆

黑糖和桂圓，真的是好朋友！
烤好的麵包可以切片再烤得脆脆的，
塗抹奶油乳酪和淋上蜂蜜，就超好吃的！

材 料

高筋麵粉	200g	鹽	3g
水	150g	桂圓乾（龍眼乾）	60g
黑糖	40g	核桃	40g
速發乾酵母粉	2g	植物油	15g

做法

1. 黑糖水製作：水 150g+ 黑糖 40g，先溶化黑糖，備用。

   -------- 如果你的黑糖比較大顆，可以用微溫的水融化。

2. 稍微切碎桂圓乾，放進黑糖水裡，浸泡 5 分鐘讓桂圓稍微泡開。

3. 在一個大碗裡，放入高筋麵粉、速發乾酵母粉、鹽、核桃、植物油，和剛剛的黑糖水與桂圓乾。

4. 用筷子攪拌均勻至無粉粒為止。

5. 蓋上鍋蓋或保鮮膜，放在溫暖的地方，發酵 30 分鐘。

   -------- 如果天氣冷，我會把麵團放烤箱裡，不用設定烤箱溫度，烤箱裡放一小鍋熱水製造溫暖的環境。

6. 先稍微沾濕雙手，翻折麵團。從一邊把麵團拉起，此時麵團已經可以拉出筋性，大約翻折 4 次。

7. 整圓後，再繼續發酵 30 分鐘，重複以上翻折的動作。

8. 再度發酵 30 分鐘後，把大碗倒置，讓麵團自己掉落保持空氣。

9. 撒點高筋麵粉當手粉防沾。

攪拌麵團→發酵 30 分鐘→第 1 次翻折→發酵 30 分鐘→
第 2 次翻折→發酵 30 分鐘→整形→發酵 30 分鐘→烘焙！

11. 麵團收口並整圓，放在烤盤紙上，做最後發酵 30 分鐘。

12. 放進預熱好 210°C 的烤箱，烤 20 分鐘左右。烤溫時間請依照每台烤箱不同，自行調整。

---(Memo)---

當天麵包沒吃完的話，建議切片後放密封盒或夾鏈袋冷凍保存，要吃的時候用烤箱加熱，以 180°C 烤 5 分鐘。或是也可以用電鍋蒸，會有不一樣的口感喔。

註：177 頁開始的麵包做法，都是以此為基礎

Step by step

做法

1. 全部材料除了奶油之外，放入攪拌機或麵包機中。

2. 攪拌至出筋。

3. 加入奶油，繼續攪拌。

4. 攪拌至麵團能延展出薄膜。

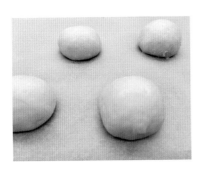

5. 麵團放大碗內，用保鮮膜包好，
   基礎發酵至麵團變成 2 倍大。

- -

如果有發酵箱，設定 30℃，發酵 50
分鐘。冬天溫度比較低，可以放在烤
箱，烤箱不用設定溫度，只需在烤箱
裡面放一鍋熱水製造溫度高於室溫的
環境，會發酵得比較快。

6. 在萬用麵團基礎發酵後，繼續進
   行麵團分割→整形→後發（第二
   次發酵）→烘焙等步驟，適用於
   各式麵包的製作。

肉鬆蛋沙拉麵包

◆

把日式蛋沙拉填入經典台式肉鬆麵包，

滑嫩內餡真的超好吃的啦！

在家就能做出吃了一整天都會笑的麵包！

材 料

萬用基礎麵團　1 份

做法請參考 174-175 頁

| 肉鬆 | 適量 |
| 全蛋液 | 少許 |

蛋沙拉

做法請參考 250-251 頁

| 美乃滋 | 適量 |

做法

1. 基礎發酵完成的麵團移到擀麵板上，輕輕拍出空氣。

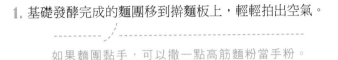

如果麵團黏手，可以撒一點高筋麵粉當手粉。

2. 麵團分成 8 等份。

3. 每等份麵團揉圓，收口朝下。靜置鬆弛 10 分鐘。

4. 將麵團擀長成橢圓形，上方左右角往內折，中間也往內折。

5. 用一樣的方式把麵團下方邊緣往內折。

6. 從左至右把麵團收口捏緊，朝下，整理成長橢圓形。

7. 刷上全蛋液。

8. 整形好的麵團放到已鋪好烤盤紙的烤盤上，放在溫暖的地方後發至麵團約 1.5 至 2 倍大，

9. 放入已預熱至烤箱 180°C 的烤箱，烤 15 分鐘。

每台烤箱不同，請依照烤箱特性調整烤溫和時間。

10. 在烤好放涼的麵包上抹勻美乃滋。

11. 均勻沾裹肉鬆。

其實做到這個步驟就完成肉鬆麵包了！

12. 從中間剖半後，填入蛋沙拉，完成！

紅豆麵包

◆

長得有點像蛋黃酥的紅豆麵包外型很討喜。

自己做麵包就是可以包滿滿的內餡，

要吃多少有多少！

材 料

萬用基礎麵團　1份

------- 做法請參考174-175頁

市售紅豆餡　　320g

【麵包表面裝飾】

全蛋液　　　少許

黑白芝麻　　少許

做法

1. 基礎發酵完成的麵團，移到擀麵板上，輕輕拍出空氣。

如果麵團黏手，可以撒一點高筋麵粉當手粉。

2. 麵團分成 8 等份。

3. 每等份麵團揉圓，收口朝下，靜置鬆弛 10 分鐘。

4. 將紅豆餡分成每個 40g，揉圓備用。

5. 擀平麵團，把紅豆餡放在中間。

6. 將麵團四邊收起，包覆紅豆餡。

7. 麵團收口捏緊，朝下。

8. 稍微壓平麵團，刷上全蛋液。

9. 後發至麵團約 1.5 ～ 2 倍大，麵團中間擺上少許黑白芝麻，放入已預熱至 180°C 的烤箱，烤 15 分鐘。

每台烤箱不同，請依照烤箱特性調整烤溫和時間。

愛心起司蔥麵包

◆

小時候最喜歡吃蔥麵包了，
做成愛心的形狀，
有感受到滿滿的愛了嗎？

═══════ 材 料 ═══════

萬用基礎麵團　1 份

- - - - - - - - - - - - - - - -
做法請參考 174-175 頁

蔥　　　　　1 小把
鹽　　　　　適量
植物油　　　少許
比薩起司絲　適量

【麵包表面裝飾】
全蛋液　　　少許

186

做法

1. 基礎發酵完成的麵團，移到擀麵板上，輕輕拍出空氣。

   如果麵團黏手，可以撒一點高筋麵粉當手粉。

2. 將麵團分成 8 等份。

3. 每等份麵團揉圓，收口朝下。靜置鬆弛 10 分鐘。

4. 蔥洗淨，切成蔥花。

5. 將麵團一一擀成橢圓形。

6. 從長邊捲起。

7. 收口捏緊，朝下。

8. 保留麵團一端約1cm，從中間切成兩半。

9. 兩端底部往內凹捲，成一個愛心形狀。

10. 再用手捏緊愛心尖角，整理形狀。

11. 在凹槽處擺上比薩起司絲。

12. 讓麵包發酵約1.5至2倍大。

13. 蔥花、鹽、少許植物油一起攪拌均勻。

    這步驟需在加入麵包前才做，免得出水太多。

14. 將蔥花鋪在起司上，塞滿愛心麵包凹槽處。

15. 在愛心麵包的邊緣刷上全蛋液，放入已預熱好烤箱
    180℃的烤箱，烤15分鐘。

    每台烤箱不同，請依照自家烤箱調整烤溫和時間。

雙倍起司麵包

◆

麵包裡面包起司，

外面再撒上滿滿起司，

香濃好滋味！！！

材 料

萬用基礎麵團　1 份

- - - - - - - - - - - - - - - - - - -

做法請參考 174-175 頁

比薩起司絲　　120g

【麵包表面裝飾】

全蛋液　　　少許

帕瑪森起司粉　適量

做法

1. 基礎發酵完成的麵團移到擀麵板上，
輕輕拍出空氣。

如果麵團黏手，可以撒一點高筋麵粉當手粉。

2. 麵團分成 8 等份。

3. 每等份麵團揉圓，收口朝下。靜置鬆
弛 10 分鐘。

4. 麵團擀圓，每個包入約 15g 比薩起司
絲，包起，收口捏緊，朝下。

5. 稍微壓平麵團，刷上全蛋液。

6. 在麵團表面撒帕瑪森起司粉。後發至
麵團約 1.5 至 2 倍大，放入已預熱至
180°C 的烤箱，烤 15 分鐘。

每台烤箱不同，請依照烤箱特性調整烤溫
和時間。

草莓牛奶

◆

草莓總是有種令人覺得幸福的魔力，
酸酸甜甜的草莓牛奶，更是令人喜愛！

材 料

草莓	5 顆	牛奶	200g
糖	1 大匙		

或煉乳

Step by step

做法

1. 草莓洗淨去除蒂頭，切小塊。

2. 加入少許砂糖，靜置約10 分鐘，稍微醃漬一下，也可以加煉乳更有風味。

3. 放入杯子裡，加入牛奶。

4. 喜歡喝有果肉的人，這樣就完成了。若要用果汁機攪打草莓牛奶也是可以的喔，打完不需過濾，直接喝，能享受完整的草莓和牛奶的香氣！

酪梨牛奶

◆

早上沒時間時，一杯酪梨牛奶能補充許多營養！

材 料

中型酪梨	1 顆	牛奶	350g
	約100g果肉	蜂蜜	1 大匙

Step by step

做法

1. 熟透的酪梨去籽切塊。

像照片中選擇深色酪梨，果肉才會甜。

切完就要立刻打汁，以免氧化變黑。

2. 和牛奶一同放入果汁機。

3. 加入適量蜂蜜，打成酪梨牛奶，攪打時可以增減牛奶調整濃淡，甜度也可依照酪梨熟度調整蜂蜜份量。

Memo

平常酪梨產季時，就把酪梨切塊放在夾鏈袋，再放入冰箱冷凍。要喝酪梨牛奶就直接拿出冷凍酪梨塊，直接加牛奶和蜂蜜打成酪梨牛奶，非常方便！

紅蘿蔔鳳梨汁

雖然紅蘿蔔是比較不受孩子喜愛的食物，

但加了鳳梨，就變成好喝又營養的果汁了！

材　料

紅蘿蔔	半條	飲用水	適量
鳳梨	適量	蜂蜜	少許

Step by step

做法

1. 紅蘿蔔洗淨，去皮切塊。

2. 鳳梨去皮切塊，和紅蘿蔔一起放入果汁機。

3. 加入適量飲用水，想要甜一點可以加少許蜂蜜，打成果汁。

──（ Memo ）──

鳳梨加多一點，可以壓過紅蘿蔔的味道。

鍋煮奶茶

用小鍋煮奶茶，味道會更濃郁，是冬季的暖心飲品。

═══ 材　料 ═══

水	250ml	牛奶	250g
紅茶茶葉	5g		

我個人喜歡錫蘭紅茶、阿薩姆紅茶，可依照各人喜好選擇

═══ Step by step ═══

做法

1. 將水倒入小鍋中煮至沸騰後轉小火，加入茶葉煮 1 分鐘。

一開始用水煮茶葉，而不是用牛奶煮，才能釋放茶香。

茶的份量可隨個人喜好增減。

2. 倒入牛奶，繼續以小火煮，不需要煮到沸騰，否則味道會不同。

3. 熄火後濾掉茶渣即可享用。

紅藜米漿

一般米漿都是白飯製作，加了紅藜麥更健康！

前一晚剩的紅藜麥和白飯，加上花生醬就成為好喝的米漿囉！

材 料

紅藜米＋白飯	半碗	飲用水	600g
花生醬	1 大匙		

Step by step

做法

1. 準備煮熟的紅藜與白飯。

2. 和花生醬一起放入果汁機，加入適量飲用水。

3. 打成細緻的米漿，就是特別又健康的紅藜米漿囉！

燕麥奶

◆

喝膩了牛奶或豆漿，

也可以試試健康的燕麥奶在家自己做喔！

材　料

| 即食大燕麥片 | 60g | 鹽 | 少許 |
| 溫飲用水 | 600g | | |

Step by step

做法

1. 即食大燕麥片和溫水，一起放入果汁機，浸泡半小時。

2. 加入少許的鹽，用果汁機或食物處理機打成燕麥漿。

一點點的鹽可以提味。

Memo

1 我習慣直接喝不過濾。你也可以用做豆漿的布或紗布過濾渣渣，口感更細膩。

2 想喝甜的，可以加入蜂蜜。

3 加入黑芝麻、大杏仁等堅果一起攪打，也很對味喔！

4 隨喜好可以調整比例和濃度。

Chapter

5

Good
morning!

· Breakfast ·

休日慢慢吃的

早午餐組合

喜歡週末的早午餐時光，

比平日有比較多的時間，提醒自己可以再慢一點。

慢慢做，慢慢享受，慢慢，過生活。

Story

讓心情變好的週間早午餐

　　這兩年因為疫情關係無法出國，但偶爾會想起在國外飯店很悠閒地吃著早午餐，邊想著今天的行程去哪裡走走晃晃，沒有工作壓力，也沒有孩子趕著上學的匆忙。

　　所以每當週末在家裡，總會想多花點心思，慢慢做早餐，然後再慢慢享受著早餐。其實從準備早餐開始，也是一場旅行的回憶，在日本嵐山的百年溫泉老飯店，吃到很特別的日式九宮格早餐。在東南亞住 Villa 時，有廚師來房間直接煮早餐，享受貴婦級待遇。在歐洲蜜月旅行時，和老公去超市買麵包、火腿、沙拉，自己再煎個 Omelette，做簡單早午餐（因為歐洲什麼都好貴！）在夏威夷看著一望無際的海，每天必吃我最愛的鬆餅配奶油和楓糖漿，再搭上煎得脆脆的培根⋯口水又忍不住了。用早餐體驗不同國家文化，再棒也不過了。

　　在飯店吃早餐 Buffet，我常常忍不住犯「職業病」，會想做些變化。像是用果醬和奶油乳酪在吐司上畫可愛的造型，雖然飯店不像在家裡有比較熟悉的工具和食材，但還是能變化出可愛的早餐。

像是上面照片裡的吐司，剛做好的時候被隔壁桌一個女孩子看到，她很興奮的跟她朋友說：「妳看！有這麼可愛的吐司！我要趕快去拿！」她快速衝出去後，落寞地回來跟朋友說：「沒有看到耶，好像是他們自己做的…」我聽到了就順勢問她：「妳喜歡的話，我可以做一盤給妳喔！」她超開心的，馬上說好！雖然說有點好笑，但是能用早餐交朋友，可是很難得的經驗呢！

喜歡週末的早午餐時光，比平日有比較多的時間，提醒自己可以再慢一點。慢慢做，慢慢享受，慢慢，過生活 。

Weekend
Menu !

悠閒週末點餐，今天你想吃哪一道？

Good
morning!

貝殼刈包

想起有一年在海邊玩沙、撿貝殼的夏天。

開心的回憶也能在早餐的餐桌上，熱情回放！

材 料

【刈包皮】

中筋麵粉　　　125g

牛奶　　　　　70g

砂糖　　　　　20g

速發乾酵母粉半茶匙

　　　　　（約 1.5g）

植物油　　　　1茶匙

最好使用味道比較不重的油

植物油　　　　少許
　　　　（塗抹用）

【刈包夾餡】

梅花豬肉片　　適量

烤肉醬　　　　適量

生菜　　　　　適量

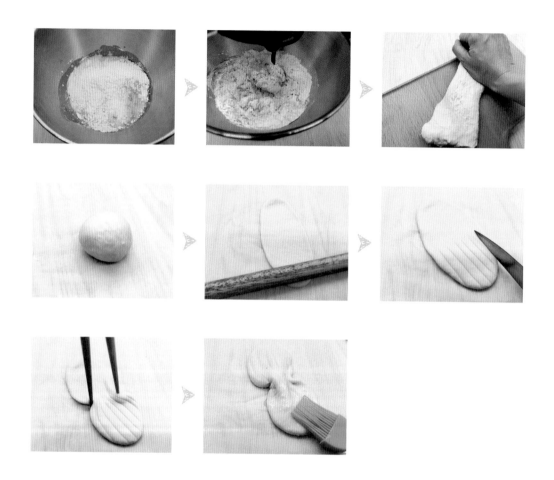

Memo

刈包和饅頭基礎配方一樣，做出刈包後，
只要在麵糰上抹油再對折，蒸的時候就
不會黏在一起，打開就可以任意夾自己
喜歡的餡囉！

做法

1. 中筋麵粉、牛奶、砂糖、速發乾酵母粉、植物油全部放入大碗或攪拌缸內。牛奶份量依麵粉吸水性不同做適量調整。

2. 可以手揉，或用攪拌機，或用麵包機的攪拌功能攪拌，要確定揉至非常光滑的麵團。

如果用攪拌機，低速約 10 分鐘。

每次做造型前，都要再揉過麵團並徹底排氣，這樣蒸出來的包子饅頭才會漂亮喔！

3. 將麵團分成 4 等份，麵團排氣後，滾圓。

4. 取一個麵團，擀成橢圓形。

5. 用刀背在一半的麵團上壓出平行線條，但不需要壓斷。

6. 用筷子夾住麵團兩端，往中間夾出腰身。

7. 麵團翻面，塗上植物油，這樣蒸好之後才能打開。

1 除了使用火鍋肉片和生菜之外，刈包的內餡可以自由變化，做出屬於你家的味道。

2 在夾入生菜之前，先確實擦乾水分。

8. 對折麵團，再用手整理，在對折處加強捏緊，整形成貝殼的形狀。

9. 把麵團一一放在饅頭紙上，等待發酵。

發酵至約 1.5 ～ 2 倍大，就可以開始蒸發酵完成的判斷：可以量饅頭的長度，也可以取少許麵團放在量杯中當作發酵的判斷，例如：：觀察量杯刻度 10ml，發酵至約 18ml 的位置，就是差不多發酵好了。

11. 將刈包麵團放入電鍋中，電鍋外鍋放足夠的水，電鍋與鍋蓋之間保留縫隙，才不會被水滴到，定時蒸 15 分鐘。時間到之後拔掉電鍋插頭，等待 3 分鐘再開蓋。

12. 梅花豬肉片加上少許烤肉醬一起炒熟。

我喜歡用火鍋肉片，容易入味也快熟。

13. 打開蒸好的刈包，先放上生菜。

14. 再放上炒好的豬肉片，完成！

紙包烤鮭魚

◆

用紙包的方式入烤箱，

有蒸烤的感覺，魚肉不乾柴，

要吃的時候打開紙，就好像拆禮物一樣，

是我很喜愛的早午餐常備菜單！

材 料

鮭魚	1 片	奶油	5g
鹽	少許	義大利香料	少許
黑胡椒	少許	檸檬汁	少許

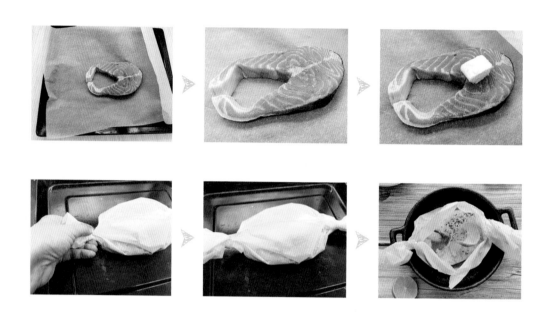

做法

1. 鮭魚放在烤盤紙上，稍微擦乾。

2. 均勻抹上鹽、黑胡椒。

3. 擺上奶油。

4. 把烘焙紙的兩端像糖果包裝紙一樣扭轉。放入已預熱好 180°C 的烤箱，烤 15-20 分鐘。

依照鮭魚的厚度與大小調整溫度時間。

5. 吃之前，撒一點義大利香料，擠一點檸檬汁更添美味。

香煎鯛魚漢堡

◆

通常吃的漢堡都是炸魚漢堡，
在家不想油炸就改用煎的，也不用太多調味，
簡單就是美味！

━━━━━━━━━━ 材 料 ━━━━━━━━━━

漢堡麵包	1 個	鹽	少許
鯛魚	1 片	黑胡椒	少許
奶油	5g	生菜葉	適量

做法

1. 將漢堡麵包切成兩半。

2. 預熱平底鍋,放入奶油、鯛魚片。

3. 漢堡麵包也一起放入平底鍋煎烤一下

4. 鯛魚翻面,煎熟後可用少許鹽和黑胡椒調味。

5. 煎好的鯛魚片和洗淨的生菜葉相疊,夾入漢堡麵包裡,就完成囉!

> **Memo**
> 一個平底鍋可以同時烤漢堡麵包和煎魚,很省時呢!

烤的起司饅頭

◆

饅頭可以蒸也可以烤！

小小一個的起司饅頭，很受歡迎呢！

——— 材 料 ———

中筋麵粉　　　　125g

牛奶　　　　　　70g

砂糖　　　　　　20g

速發乾酵母粉　半茶匙

　　　（約 1.5g）

植物油　　　　　1 茶匙

用味道比較不重的油

切達起司片　　　適量

【整形用】

中筋麵粉　　　　適量

做法

1. 中筋麵粉、牛奶、砂糖、速發乾酵母粉、植物油全部放入大碗或攪拌缸內。依麵粉吸水性不同,適量調整牛奶份量。

2. 可以手揉,或用攪拌機,或用麵包機的攪拌功能攪拌,要確定揉至非常光滑的麵團。

如果用攪拌機,低速約 10 分鐘。

3. 將麵團擀成長方形薄片,氣泡要擀壓出來,麵皮薄一點沒關係。

4. 麵團翻面,鋪上切達起司片。

5. 捲起成長條。

6. 接口處捏緊,朝下放置。

7. 將麵團搓成均勻長條。

8. 尾端切掉,再切成大約 6、7 等份的麵團。

9. 斷面處沾點麵粉,用手稍微壓一下,再稍微整形美觀。

10. 間隔擺在有烤盤紙的烤盤上,待麵團發酵至約 1.5 倍〜2 倍大。

11. 放入預熱好 150℃ 的烤箱烤 10 〜 15 分鐘。

請依照每台烤箱特性、饅頭大小,自行調整烤溫和時間。

蛤蜊嫩蒸蛋

小孩都好喜歡吃蛤蜊喔！而且都說這是貝殼！
要蒸出很嫩的蒸蛋不難，掌握一些小技巧，
鮮甜的蛤蜊嫩蒸蛋輕鬆上桌！

——— 材 料 ———

蛤蜊	10 顆	水	120g
雞蛋	2 個	日式醬油	1 小匙

用了小技巧蒸出來的蛋，表面會很光滑漂亮！

做法

1. 洗淨蛤蜊，泡一點鹽水吐沙。

2. 蛤蜊 10 顆和水 120g 倒入鍋中煮滾，煮成高湯。

3. 取 110g 蛤蜊高湯放涼，備用。

4. 打散雞蛋 2 顆，倒入日式醬油和放涼的蛤蜊高湯。

5. 攪拌均勻，用篩網過濾蛋液。

6. 淺盤裡倒入濾過的蛋液，有泡沫的話要先撈除，再擺上蛤蜊。

7. 在電鍋裡先擺蒸架，再擺入蒸蛋淺盤，最後用一個盤子當上蓋。

可防止水珠滴落到蒸蛋表面。

8. 外鍋放 1 杯水，計時約 15 分鐘。

蒸的時候需讓鍋蓋留一個小縫。這樣蒸的溫度才不會太高，時間也不要蒸過久，蒸出來的蛤蜊蒸蛋才會滑嫩又好看喔！

義大利肉丸

◆

每次做這道給朋友們吃，
大家都讚不絕口！
秘密武器就是用起司粉喔！

═══════════ 材 料 ═══════════

豬絞肉	450g	雞蛋	1 顆
蒜末	少許	帕瑪森起司粉	1 大匙
蔥末	少許	市售義大利肉醬	適量
洋蔥碎丁	少許	義大利香料	少許
鹽	少許		

Memo

剩下的肉可放入夾鏈袋，用筷子壓出分隔線，放冰箱冷凍。之後要煮的時候就已經分隔好，方便拿取。

將自製的義大利肉丸和義大利肉醬倒入鍋中，加適量的水一起熬煮，就變身成好喝的義大利肉丸湯！

做法

1. 豬絞肉 450g、少許蒜末、蔥末、洋蔥碎丁、適量的鹽放入大碗中，打入 1 個雞蛋，用手抓醃入味，用力攪拌到蛋液全部吸收。

2. 加入 1 大匙帕瑪森起司粉，再繼續用力攪拌絞肉，可以稍微摔打，讓肉有點黏性，直到呈現毛邊狀。

3. 捏出一個個圓球。

4. 市售的義大利肉醬倒入鍋中煮至微滾後擺入肉丸，稍微讓湯汁收乾。

5. 最後撒點義大利香料，早餐熱騰騰上桌！

起司歐姆蛋

◆

歐姆蛋早午餐也是常備款，
內餡放簡單的起司是我們家的最愛，
當然也可加喜歡的餡料，
火腿、洋蔥、蘑菇等，變化很多！

═══ 材 料 ═══

雞蛋	3 顆	奶油	5g
牛奶	1 大匙		
比薩起司絲	適量		

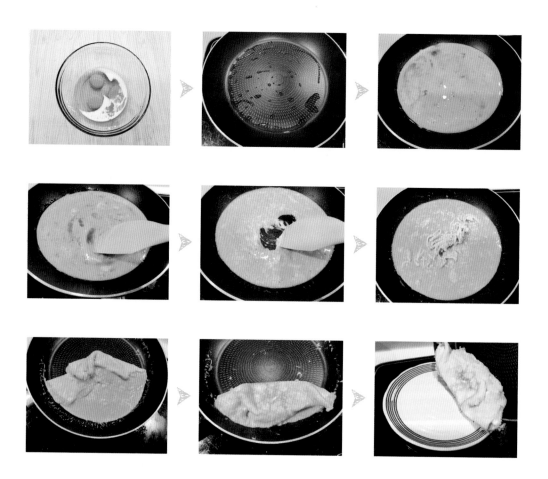

做法

1. 把雞蛋和牛奶倒入大碗裡，稍微攪散。

2. 預熱平底鍋，開小火，放入奶油。

3. 待奶油融化，把蛋液倒入鍋中，並不時用鍋鏟攪拌。

4. 當蛋液稍微凝固後，在中間擺入比薩起司絲。

5. 從鍋邊把蛋液往中間堆，蓋住比薩起司絲。

6. 把蛋堆到鍋邊，用鍋鏟和鍋子邊緣幫忙把蛋定型。

7. 盛起時，拿一個盤子在旁邊預備，然後翻面即可。

8. 搭配生菜，吐司切半烤一下，就是營養美味又豐富的早午餐了。

舒芙蕾鬆餅

◆

這款鬆餅一定要趁熱享用，
加點鮮奶油和新鮮水果一起吃，無敵美味！

=== 材 料 ===

（大約做 2 個大舒芙蕾鬆餅）

| 雞蛋 | 2 個 | 牛奶 | 10g |
| 低筋麵粉 | 30g | 細砂糖 | 25g |

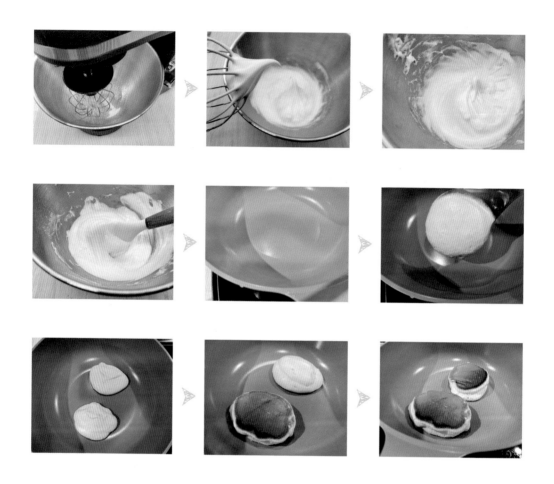

Memo

做好的麵糊要一次煎完 ，以免消泡。

做法

1. 蛋白和蛋黃分開，用打蛋器將兩個蛋白打至粗泡即可分次加入細砂糖，需打至中性發泡。

   打蛋器提起時有小彎勾。

2. 蛋黃一次加一個，加入蛋白霜，輕輕翻拌均勻。

3. 加入已過篩的低筋麵粉，翻拌均勻，再加入鮮奶，翻拌均勻，小心不要消泡。

4. 預熱平底鍋，抹點油，用大湯匙先舀一匙鬆餅麵糊煎，儘量堆高。

5. 稍微定型就再往上堆疊麵糊，煎出來的鬆餅才會比較蓬鬆有高度。

6. 加一點點水，用蒸烤的方式，蓋上鍋蓋，翻面煎至金黃即可。

野餐三明治

◆

即使是在家吃早餐，

偶爾也可變化一下氣氛，在客廳鋪個野餐墊佈置，

把野餐的感覺帶回家！

=============== 材 料 ===============

吐 司	2 片	起司片	1 片
美乃滋	少許	生菜葉	適量
番茄醬	少許	午餐肉	適量

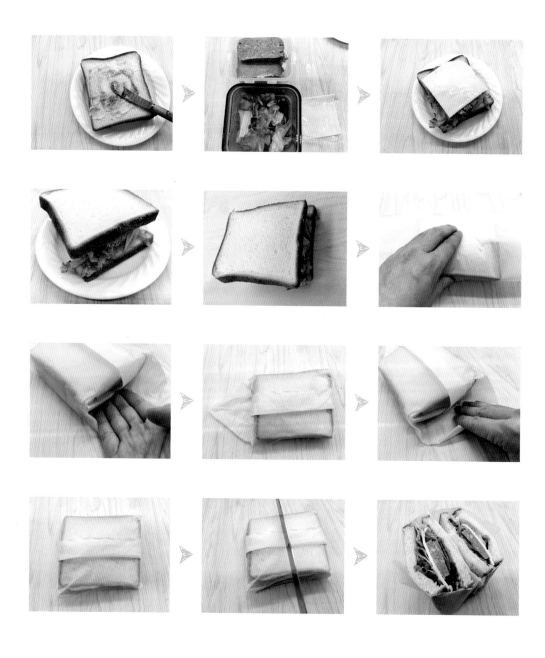

水果放木盤，再放在野餐籃裡，然後準備一些飲品，就很有野餐感覺囉！

做法

1. 在吐司上擠少許美乃滋和番茄醬，塗抹均勻。

2. 將生菜葉洗淨，依序堆疊生菜葉、切片午餐肉、起司片。

3. 蓋上另一片吐司。

4. 取一張烘焙紙，將吐司上下包起，接口在中間。

5. 將下方那張往下折出一個長條。

6. 將兩端往內塞，塞到三明治的下方，順便把吐司稍微壓實。

7. 將兩端的紙都折成三角形。

8. 往內塞入三明治底部折出的凹陷處。

9. 用麵包刀對切三明治，包好之後就能方便手拿食用。

蛋沙拉三明治

◆

蛋沙拉三明治應該是再經典不過的早餐了！

一整天就從幸福的美味早餐開始～

材 料

吐司	2 片
雞蛋	4 個
	只取蛋白 3 個
日式美乃滋	2 ～ 3 大匙

鹽	1 小撮
黑胡椒	少許
美乃滋	少許
	抹吐司用

Memo

不喜歡吐司邊口感的人，可以先切除吐司邊再夾入蛋沙拉，對切時才不會讓餡被擠出來。

做法

1. 雞蛋放入鍋子，水煮約 10 分鐘至蛋全熟。

   煮的時候，水裡可放一點鹽。

2. 待蛋冷卻之後剝除蛋殼，蛋白和蛋黃分開放。

   也可以泡一下冰水比較好剝殼。

3. 蛋黃放在碗裡，加入美乃滋，壓碎攪拌成泥狀。

4. 蛋白切小丁，加入蛋黃泥裡，加少許鹽和胡椒調味。蛋白丁的大小決定口感，我自己喜歡有點口感的蛋沙拉，所以切小丁；如果喜歡綿密口感的話，甚至可將蛋白再切細一些。

5. 把蛋沙拉抹在兩片吐司內，夾起。

6. 用保鮮膜把蛋沙拉吐司包起後對切，就完成囉！

   先包好再切，有助於定型不跑掉。

650W 強大馬力行星式攪拌

6段速設置＋瞬速功能

抬頭式設計

4L不鏽鋼攪拌盆

配件超齊全 各式料理需求一次滿足

Love Your Day Collection
桌上型抬頭式攪拌機
輕鬆做出美味蛋糕、點心、麵包

攪拌機專用配件

1.5L 果汁壺

切絲切片器(附粗/細刀組)

絞肉器(附粗/細刀組)

蔬果慢磨器

義大利麵製麵器

柑橘榨汁器

烘焙好幫手

蛋型廚房計時器

藍牙電子秤

以上8配件為選購產品

taste
T
04

海頓媽媽的朝食之味

快速多變的吃不膩美味早餐

作者	海頓媽媽
封面及部分內頁攝影	Hand in Hand Photodesign 璞真奕睿影像
封面設計	Rika Su
內頁設計	Megu
責任編輯	蕭歆儀

出　版	境好出版事業有限公司
總 編 輯	黃文慧
主　編	賴秉薇、蕭歆儀、周書宇
行銷企劃	吳孟蓉
會計行政	簡佩鈺
地　址	10491 台北市中山區松江路 131-6 號 3 樓
粉 絲 團	https://www.facebook.com/JinghaoBOOK
電　話	(02)2516-6892
傳　真	(02)2516-6891

發　行	采實文化事業股份有限公司
地　址	10457 台北市中山區南京東路二段 95 號 9 樓
電　話	(02)2511-9798　傳真：(02)2571-3298
電子信箱	acme@acmebook.com.tw
采實官網	www.acmebook.com.tw

法律顧問	第一國際法律事務所 余淑杏律師

定　價	399 元
初版一刷	西元 2021 年 8 月

Printed in Taiwan
版權所有，未經同意不得重製、轉載、翻印

國家圖書館出版品預行編目 (CIP) 資料

海頓媽媽的朝食之味：快速多變的吃不膩美味早餐 /
海頓媽媽著 .-- 初版 .-- 臺北市：境好出版事業有限公司出版：采實文化事業股份有限公司發行，2021.08
　面；　公分 .-- (taste)
ISBN 978-986-06621-7-7(平裝)

1. 食譜

427.1　　　　　　　　　　　　　　　　　　　110010938

境好出版

10491台北市中山區松江路 131-6號 3 樓

境好出版事業有限公司 收

讀者服務專線：02-2516-6892

| 讀者回饋卡 |

感謝您購買本書，您的建議是境好出版前進的原動力。請撥冗填寫此卡，我們將不定期提供您最新的出版訊息與優惠活動。您的支持與鼓勵，將使我們更加努力製作出更好的作品。

讀者資料（本資料只供出版社內部建檔及寄送必要書訊時使用）

姓名：_____　性別：□男　□女　出生年月日：民國____年____月____日

E-MAIL：_____

地址：_____

電話：_____　手機：_____　傳真：_____

職業：□學生　　　　　□生產、製造　　□金融、商業　　□傳播、廣告　　□軍人、公務
　　　□教育、文化　　□旅遊、運輸　　□醫療、保健　　□仲介、服務　　□自由、家管
　　　□其他

購書資訊

1. 您如何購買本書？
　　□一般書店（縣市 書店）　　□網路書店（書店）　　□量販店　　□郵購　　□其他

2. 您從何處知道本書？
　　□一般書店　　□網路書店（書店）　　□量販店　　□報紙　　□廣播電社
　　□社群媒體　　□朋友推薦　　　　　□其他

3. 您購買本書的原因？
　　□喜歡作者　　□對內容感興趣　　□工作需要　　□其他

4. 您對本書的評價：（ 請填代號 1. 非常滿意 2. 滿意 3. 尚可 4. 待改進 ）
　　□定價　　□內容　　□版面編排　　□印刷　　□整體評價

5. 您的閱讀習慣：
　　□生活飲食　　□商業理財　　□健康醫療　　□心靈勵志　　□藝術設計　　□文史哲
　　□其他

6. 您最喜歡作者在本書中的哪一個單元：_____

7. 您對本書或境好出版的建議：_____

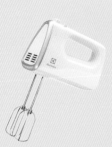